西蒙·纽康讲天文学

让孩子愉快读懂的天文学

Astronomy for Everybody

［美］西蒙·纽康 Simon Newcomb / 著

Wuhan University Press
武汉大学出版社

目录

CONTENTS

第 1 章

天体的运行

第一节

我们的星辰系统

当我们心情激动地翻开这本天文学图书，一定会期待开启一段神秘的奇幻之旅。

在启程之前，我们先来热热身，去探访一下蕴含着无限可能的宇宙。在那个空间里，你能更快地了解我们生存的空间。

聪明的你一定已经开始幻想了，对吗？

我们探访的空间要比我们脑海中想的还要远。为了能清楚地了解这个"远"的概念，我们打个比方，用光的运行速度来测量一下吧！

光是非常了不起的"运动员"，它一秒钟可以奔跑30万千米，就是当你家的钟表秒针移动两下的时间，它已经围绕地球奔跑七圈半啦！

不过，即便是光，要抵达我们所要探访的空间，也需要走上100万年！所以我们永远也到不了那里，只能靠着聪明的脑袋去想象它。不过我们暂且不管它，因为那个地方不属于我们人类生存的范围。

小知识：光速

光速是指光（或电磁波）在真空中的传播速度，它是目前所发现的自然界物体运动的最快速度——299792.458km/s。

▲ **图1-1** 宇宙中每一个光点都是一个又一个的"星系"

　　在浩瀚的宇宙中，我们人类生存的空间叫作银河系。

　　如果我们可以在星际空间中穿行，那么你一定会感到无比惊讶，因为你一定从未见过一大团色彩缤纷的光雾，像魔术般变出一些珍珠般珍贵的小光点，这些光点就是我们晚上能看到的洒满夜空的星辰。要是我们能用这样神奇的幻想穿过整个光雾，就会发现，在浩瀚的宇宙中，什么都没有，只有铺天盖地的光云；一些色彩和形状各不相同的光雾。宇宙黑得像黑天鹅的羽毛一样，大方、庄重。

不要急着穿过那片美丽的光云，我们先选定一颗星星，稍微减慢一些我们的速度，这样能更仔细地观察它。

这颗星星并不太大。我们愈是接近它，它愈是明亮起来。过了一段时间，它便亮得如同远处的烛光一样；再过一段时间，它就可以照出影子来了；又过一段时间，我们可以用它的光读书了；再过一段时间，它光彩夺目，光芒四射。

▲ **图1-2** 从无光污染的内华达州黑岩沙漠（Black Rock Desert）望向射手座方向的银河（包括银心）

现在看起来它真像个小太阳——它可不正是我们的太阳嘛！

接着，我们再选定一个在太阳附近的位置，当然这要根据我们刚才行驶的路程来定。要是按照我们普通的测量方法来计算，又是好几十亿千米呢！在这个位置上看，你会发现有8个星状的光点围绕着太阳，只不过在距离上各不相同。假如你在这个位置上花相当长的时间去观望它们，就会发现一些神奇的现象：

它们都是围着太阳运行的！

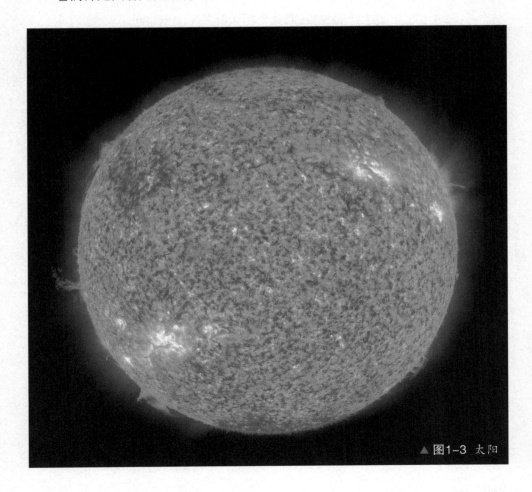

▲ 图1-3 太阳

它们都有自己的小脾气——环绕太阳运行一周的时间各不相同，有的3个月环绕一周，有的却需要165年！

它们与太阳之间的距离也不相同，最远光点的距离是最近光点距离的80倍！

如果我们再仔细观察一下就会发现，它们都是黑暗的物体，而身上发出的光亮都是向太阳借来的。

它们有个统一的名字——行星。

为了发现它们更大的秘密，我们再靠近一步，探访其中一颗行星。考虑到它们与太阳之间的距离，我们就选第三颗吧！

靠近它，与它到太阳的直线恰好组成一个直角，我们去它的顶端，会发现它越来越亮了。

再靠近一点儿，它就变得像月亮一样半明半暗了，这边黑暗，另一边光辉明亮。

再靠近一点儿，被照亮的部分慢慢扩大，并且有了一些斑点。

再靠近一点儿，斑点扩大成了海洋和陆地，但因大部分被云遮住，我们还看不到表面。另外一边虽然没有太阳的照射，但我们仍然发现了一些不规则分布的明亮斑点，看上去就好像钻石上闪耀的光芒，这便是我们人类发明的杰作——城市里霓虹灯发出的五彩灯光。

再靠近一点儿，我们看到的表面不断扩大，慢慢地，我们落在地上，回到了地球。

一段神奇之旅就这样结束了。

在这段旅行中我们获得了一个很重要的知识，那就是黑暗的宇宙中布满了

▲ 图1-4 太阳系第三颗行星就是地球

像太阳一样明亮的星辰，而我们看到的太阳只是其中之一。相比较起来，太阳还是小一点儿的呢！因为我们知道，许多星辰比太阳发出的光芒还要亮、还要热。要是有个比赛来判定它们，那太阳真是没什么突出的。不过，对于我们来说，它就变得伟大和重要了，因为地球上的生命都与它有关。

　　这就是我们的星辰系统，我们从地面上看到的同我们神奇之旅中见到的一样。天空中布满的正是那些星辰，只不过观察的位置不同，视觉效果也不一样罢了。

白天，太阳掩盖了天上其他星辰的光芒。假如我们盖住太阳的光芒，一定可以看到其他星辰也在夜以继日地运行，从不停歇。

　　这些星辰围绕着我们，仿佛地球才是整个宇宙的中心点，但其实这样的想法是我们祖先臆测出来的。事实上，地球只不过是宇宙中一个非常非常小的部分。

太阳系

　　我们的星系被称为太阳系，因为是以太阳作为主星，一群仆星围绕着它运转的结构。

▲ 图1-5　太阳系的主要成员：由左至右依序为（不按比例）海王星、天王星、土星、木星、小行星带、太阳、水星、金星、地球和月球、火星，在左边可以看见一颗彗星

比起宇宙中星辰之间令人咋舌的距离，太阳系的范围实在是太小了。它被空洞而辽远的空间包围，就算我们从太阳系的一边跑到另一边，也不会因此离其他星辰更近，就算是到了太阳系的边缘，依然起不到什么作用。

那么，先让我们来做一个宇宙模型：

首先，想象一下我们所居住的地球，用一粒芥子来代表它。照这个比例，月亮便是仅有芥子直径1/4大的一粒微尘，放在离地球2.5厘米远的地方。太阳可以用一个大苹果来代表，放在离地球12米远的地方。其他行星的大小各不相同，约从一粒不可见的微尘到一粒豌豆，离太阳的平均距离差不多在4.5～540米之间。

想象一下，这些小东西开始慢慢地围绕着大苹果（太阳）兜着圈子，每圈所用的时间当然也不一样，从3个月到165年不等。当然，我们也不会忘了月亮运行的特殊性，它有些调皮，既陪着太阳转又陪着地球转。芥子（地球）每年绕大苹果（太阳）转一圈，月亮也绕大苹果（太阳）转一圈，只不过，月亮还同时绕着地球这粒芥子转，每一个月转一圈。

照这样的比例算下去，我们的太阳系模型就能在2.5平方千米的范围内摆下了。在这个范围之外，偶尔有几颗彗星散布在模型的边界，除此之外，我们什么也看不到。

在很远很远的地方，我们才会碰上一颗最邻近的星星。而这颗星星就像太阳一样，是另外一个星系的中心。再远些，还会有这样的星系。不过按照我们模型的比例来说，如果在地球这么大的地方摆放这些星系，恐怕也就只能容纳两三颗。

天界现象

小知识：宇宙

宇宙是万物的总称，是时间和空间的统一。宇宙三要素包括时间、空间、质量。宇宙是物质世界，不依赖于人的意志而客观存在，并处于不断运动和发展中。它在时间上没有开始、没有结束，在空间上没有边界和尽头。

由于星辰之间的距离太远，单凭我们的肉眼，很难明确地知道宇宙的大小，即使通过想象也估算不出地球与天体的实际距离。如果我们能够通过肉眼看出宇宙和星辰的远近，能够清晰地看到恒星与行星表面的形态，那么宇宙的秘密早就在人类开始研究星空的时候被发现了。

只要你稍微动脑筋想一下就会知道，如果我们站在距离地球足够远的地方看，在太阳的照耀下，地球也会变成闪烁的星星，就像其他星星一样。

但是古人没能想到这一点，他们一直认为天上的星辰与地球是不同的。即使到了现代，当我们仰望星空时，还是很难相信这个事实。只有运用逻辑学和数学折射出来的理性光辉，才能了解它们真实的分布和远近距离。

▲ 图1-6 天空中的群星

　　正因如此，我们才很难在心里形成一幅与它们真实关系相符的图画。所以，读者们一定要拿出十二分的注意力和想象力，听作者把这些错综复杂的关系用简单的话语表达出来，帮助你们理解星辰的真实情况。

　　假设我们把地球从脚下拿开，剩下悬在半空中的我们。我们便会看见太阳、月亮、行星、恒星环绕在我们周围，上下、东西、南北都有。假设我们是某个球的中心，如果将大量的点以我们为中心，然后向各个方向以相同的距离散开，那么它们一定都在这个球的表面上。所有的天体就像被安置在这个球面上一样。

天文学研究的是天体的方位，而这个球便是所谓的"天球"。

基于这种想象，脚下的地球一旦消失，所有在天球上的天体就会静止不动。时间一天天地过去了，恒星却丝毫不动。但是如果我们静静地观察就会发现，行星们却在悄悄地围绕着太阳运行。

▲ **图1-7** 地球在一个半径相对细小，以地球为基础的天球中旋转。图中还可见黄道（红）和天球坐标系统上的赤经、赤纬（绿）

心中有了这样一个概念，那么让我们把地球搬回来吧！

考验一下你们的想象力，地球与天空相比，只是一个小微点。但如果我们把它放在相应的位置上，它的表面就会遮住一半宇宙。就像我们把一个带虫子的苹果放在房间里，在小虫眼儿中看到的房间就是被苹果遮住一半的房间。

在地平线上，有一半的天球是可以被看见的，它们叫作"可见半球"；另外一半被地球遮住的、看不到的天球叫作"不可见半球"。当然，我们也可以坐飞机去看另一半的天球。

你肯定知道地球不是静止的，而是绕着一根转轴旋转，对吗？

因为我们平时看到的天球是从东往西转，所以地球的自转是从西往东转，整个天球看起来是向相反方向转动的。这种由地球自转和天球自转引起的星辰的视觉转动叫作"周日运动"，因为它们是一日一周的运动。

小知识：周日运动

周日运动亦称为周日视运动，是地球上的观测者每天观测到天空上的天体明显的视运动状态，在近极区尤为明显。这是由于地球绕轴自转导致的，使所有天体都绕着这个轴（从观测者眼中即绕着北极星）做圆周运动，月亮的东升西落就是周日运动的体现。

星辰的每日视转动

了解了"周日运动"，再来了解一下地球自转引起的天体周日视转动所表现出来的复杂现象之间的联系吧！我们所说的周日视转动因地球上观察者所在的纬度不同而不同。

为了弄清楚这个问题，我们先从北纬中部的现象说起。

我们依然要先想象出一个天球，它必须是内部空间足够大的空球。如图1-8所示，整个大球被固定在转轴的两点（P和Q）上，使它能倾斜地旋转。

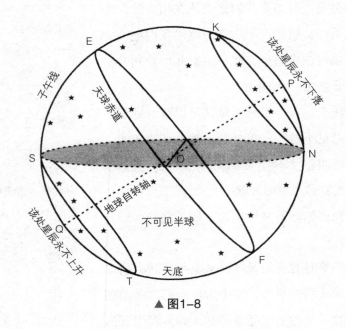

▲ 图1-8

在中心点O上，有一个类似平盘子的形状连接两点（N和S），而我们就坐在上面。星座就待在大球内部的表面上，球体的下面一半也有星座，只是被盘子遮住了。而这个盘子就代表了我们的地平线。

现在，我们要让大球旋转起来。同时，我们会看到P点附近的星星也围着P点在旋转。在KN圈上的星星会随着大球的旋转碰到平盘子的边，而离P点更远一点儿的星星会落到平盘子底下，距离或远或近，这根据它们离P点的远近而定。

靠近EF圈的星星处在PQ点之间，当球体旋转起来，它们周围的星星一半在平盘子下面，一半在平盘子上面。而ST圈上的星星再怎么旋转，也不可能到平盘子的上面来，也就意味着它们永远不能被我们看见。

转轴的P点叫作"天球北极"。在北纬中部居住的人们（当然这包括我们中的大部分人）眼中，它便是北天上。我们住的地方越靠南，北极越靠近地平线。它离地平线的高度相当于观察者所在地的纬度。

距离北极最近的一颗星便是人们常说的北极星。在长期的观察当中，我们发现北极星几乎不怎么移动，它离北极也仅有一度多一点儿。

正对着天球北极的是"天球南极"，它在地平线的下方，与北极离地平线的距离一样远。

很明显，在我们的纬度上所看见的周日运动是倾斜的。

当太阳从东方升起，它看起来并不是从地平线上升起的，而是沿着斜向南方与地平线成一个或大或小的角度来运动的。当它落下的时候，也是沿着这样的倾斜角度运动的。

让我们想象出一支极大的圆规，大到可以连接天界。我们把它的一只脚定在天球北极，另一只脚定在北极下面的地平线上。让定在北极的那只脚不动，用另一只脚在天球上画出一个大圆圈，这个圆圈的下面正好与地平线相连。而在我们所处的北纬地区看，它的上面差不多已经接近天顶了。

这个圆圈里面的星星是永远不会落下的，它们看起来只是每日环绕北极转动一周。因此，这个圆圈就叫作"恒显圈"。

在这个圆圈之外，更南边的一些星星有升有落。但是星星越靠近南边，它们每天在地平线上的路程就会越少。直到最南方的一点上，星星只会在地平线上一闪而过。

在我们的纬度上看，更南边的星星根本不会出现。那些星星都在一个叫作"恒隐圈"的圆圈中。恒隐圈以天球南极为中心，就像恒显圈以天球北极为中心一样。

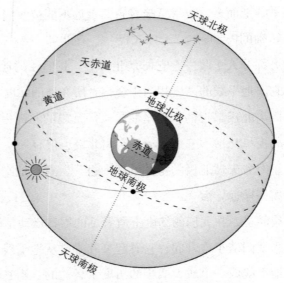

▲ 图1-9 天球被天球赤道平分

为了方便读者们的思考，请看图1-10，这是北方所见的恒显圈的北天的主要星座。如果把适当的月份转到顶上来，我们就可以在当月每晚的八点左右看到北天星座了。

图中还标出了寻找北极星的方法，就是顺着大熊星座中七颗星星（北斗七星）中的"指极星"的延长线所指方向寻找。

让我们再换个角度想一想，如果我们是向着赤道方向旅行，我们的地平线方向也就改变了。在途中，我们可以看到北极星渐渐地往下落，而且越来越低。当我们接近赤道时，它也接近地平线。我们到达赤道时，它就到达地平线了。当然，刚才说的恒显圈也会越来越小。我们到达赤道时，恒显圈就

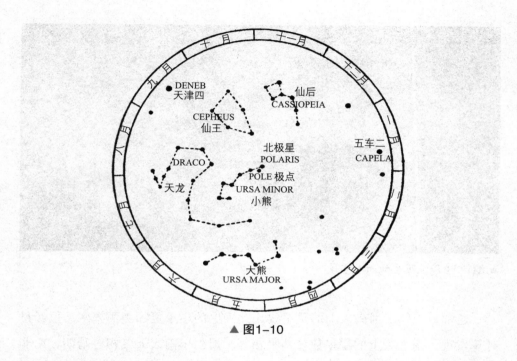

▲ 图1-10

完全消失了。

　　南北方向地平线上各有天的一极，那里的周日运动和刚才我们所提到的完全不同。太阳、月亮、星辰一同升起。如果刚好有一颗星星从正东方升起，那么它必定会经过天顶。

　　天上升起来的偏南的星星一定从天顶的南边过去，偏北的星星自然也就从天顶的北边过去。

　　再向南走，就到了南半球。那时我们会看到，虽然太阳是从东边升起，但却是从天顶的北面横过中天了。

　　南北两半球最大的不同就在于此：太阳既然从天顶的北边过中天，那么它的视转动就不像我们这儿一样，跟钟表上的时针方向一致，而是相反的了。

　　在南纬中部，天空中不再是我们熟悉的北天星座，而是新的南天星座。有些南天星座还以美观而著称，例如：南十字座。

▲ **图1-11 深度曝光的南十字座**

　　通常，人们认为南天上的星星要比北天上的星星更加美丽繁多。但经过计算发现，南北天上的星星数量几乎相等。但由于南天天气相对晴朗，南非洲以及南美洲的空气确实比北方的空气中的烟雾少，同时气候又比较干燥，因此南天的星星就显得繁多一些。

　　我们所说的北天星辰环绕天极的周日运动同样适用于南天。只不过南天没有所谓的南极星，因此没有办法找出天球南极来。

　　南半球也有其恒显圈，越往南去，圈越大。这就意味着南极周围有一圈星辰永远不落，而且绕着南极转，方向正好与北天上的星辰相反。

　　相对而言，也会有一个恒隐圈，其中包括了北极附近的星辰，而这些星辰在我们北纬上永远不落。一旦我们超过南纬20°，就绝对看不见小熊座的任何部分，再往南去，大熊座也只在地平线上露出一小部分。

　　如果我们再继续往南旅行，那么我们就再也看不到星辰的升落了。因为那些星星都平行地绕着天上的一点转动，中心南极便在天顶。这种情况在北极也是一样的。

第三节

时间与经度的关系

众所周知，一条从北向南通过某地的线叫作该地的子午圈。

地球表面的子午圈就是由北极至南极之间所做的半圆。这种半圆从北极向各个方向散开，因此我们可以将这条线画到任何地方。

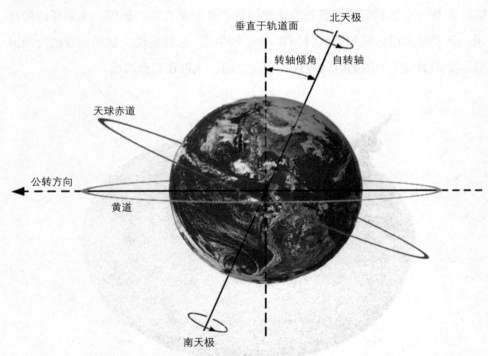

▲ 图1-12 黄道和赤道的关系：赤道是垂直地球自转轴的平面，与轨道平面（黄道）的夹角是轨道倾角，也就是黄赤交角

格林尼治皇家天文台的子午圈是当今国际公认的经度计算的起点，大部分地区的时间就是以此为依据而定的。

相对于某地上的子午圈，天上的子午圈（即地上的子午圈在天球上的投影）是从天的北极起始通过天顶，在最南点与地平线相交，再往南直达南极所形成的半圆。

既然地球绕着轴旋转，那么天上的子午圈和地上的子午圈也必然会跟着一起旋转的。因此，天上的子午圈在一天之内会经过整个天球，而在我们看来却是天球上的每一点在一天之内都要经过子午圈。

中午是太阳通过子午圈的时刻。现代计时工具出现以前，我们的先辈都是依照太阳的高低定钟表上的时间的。

可是，由于黄道的倾斜角与地球绕日轨道的偏心率的原因，太阳每次经过同一条子午圈前后所间隔的时间并不完全相同。也就是说，如果钟表的时间准确，太阳通过子午圈的时间或许在12点之前，或许在12点之后。

▲ 图1-13 日晷

如果明白了这个道理，那么肯定不难区分视时与平时了。视时是依太阳而定的每日长短不等的时间，平时是依钟表而定的每日长短相等的时间。两者之间的差别就是我们常说的时差，它们相差最多的时候约在每年11月初和2月中旬。

11月初，太阳在12点前16分钟经过子午圈；2月中旬，太阳在12点后14分钟经过子午圈。

为了定出平时，伟大的天文学家想象出了平太阳的概念。平太阳就是永远顺着天球赤道运行的，每次经过同一子午圈所间隔的时间完全相同。根据想象出来的平太阳，就可以确定每天的时间。

假如地球是静止不动的，平太阳绕着地球旋转，陆续经过各地的子午圈。那么我们想象中的平太阳就可以周游世界了。

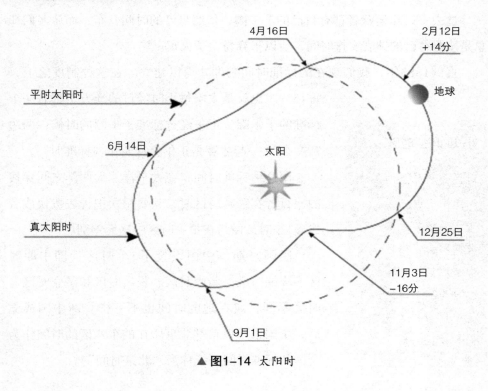

▲ 图1-14 太阳时

在我们的纬度上，它的速度不过是每秒300米左右。也就是说，假如我们所在的地方是正午，1秒钟后，向西300米的地方便是正午；再过1秒钟，再向西300米的地方是正午。以此类推，24小时以后，正午又回到我们这儿了！

这种情形最显著的结果是：任何两个在不同子午圈上的人都不可能处在相同的时间里。我们向西方旅行，会觉得我们的表比当地的表走得快；反之，我们向东方旅行，我们的表变慢了。这种不同的时间叫作"地方时"。

标准时

由于地方时的差异，曾给旅行者带来很大的不便。

过去，铁路运营者都有自己的子午圈，依照自己的时间开车，而旅客们却总是按照自己的钟表安排时间，所以很容易误了火车。

直到1883年，我们现在的标准时间制度才得以建立。在这种制度之下，每15°（也就是太阳每小时经过的地方）都有一个标准的子午圈。正午经过标准子午圈的时候，两边7.5°加在一起才算是正午。这叫作"标准时"。

用这种标准时间，在太平洋、大西洋之间穿梭的旅行者在跨越时区时，只要每次把钟表拨快或者拨慢1小时，便与在单一时区中毫无差别。

民国时期，中国设置了5个时区，即中原时区、陇蜀时区、新疆时区、长白时区和昆仑时区。时区不同，所在地的时间也不一样。新中国成立后，全国采用以首都北京所在的东八区的时间作为全国的标准时间，统称为"北京时间"。

> **小知识：时区**
>
> 时区是地球上的区域使用同一时间定义。为了各地的方便，有关国际会议将地球表面按照经线从西到东划分为24个时区，并且规定相邻区域的时间相差1小时。

世界时区

理论时区

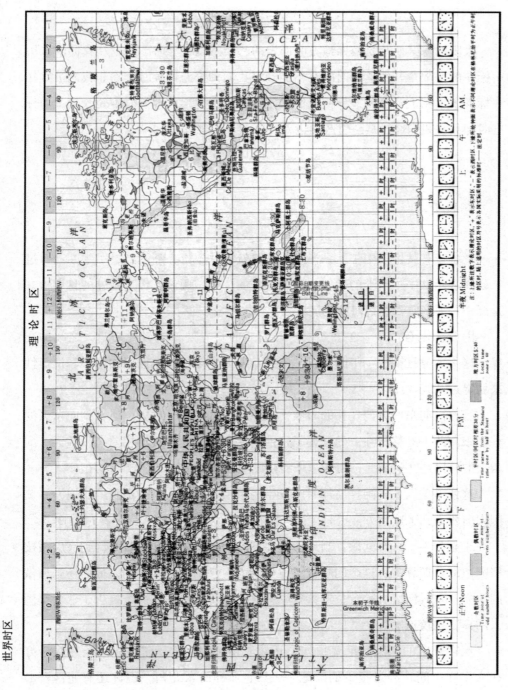

▲ 图1-15

太阳的东升西落是按照地方时而定的，而不是标准时。所以在我们的日历中标注的太阳东升西落的时间并不能确定我们钟表的标准时，除非我们恰好住在标准子午圈上。这种差异使我们在旅行时东西游走，地方时不断改变，而标准时却只在我们经过某一时区的边界时，一下子跳过去1小时。

日期在什么地方改变

"午夜"就像"中午"一样不断地绕着地球旅行，陆续经过子午圈。每过一处便表示该子午圈上的地方又开始了新的一天。假设它经过某处的日期恰好是周一，那么它再经过时便是周二了。

因此一定有一条子午圈是周一与周二的交界处，或者说是两天之间的交界。这一划分日期的子午圈叫作"国际日期变更线"，人们根据习惯和便捷性来划定这条线。

当移民向东西方向迁移的时候，人们便把日期带了过去。但直到向东去的移民跟向西去的移民在一处相遇了，他们才发现彼此的日期相差了一整天。向西去的移民还在过周一，而向东来的移民却已开始过周二了。

这便是美国人到阿拉斯加时所发生的事情。俄国人向东走到了这地方，美国人向西走到了这地方。可是美国人还在过周六，而俄国人已经在过周日了。

于是产生了一个问题：当地居民要到希腊教堂做礼拜的时候，到底应该按照哪边的日期算呢？这个问题被圣彼得堡大教堂的主教知道了，最后还来请俄国国立普尔科沃天文台台长斯特鲁维解决。斯特鲁维做了一个报告，认为美国人的算法比较正确，于是日期最终更改一致了。

现在规定的国际日期变更线是正对着格林尼治的子午线。这条界线恰好在太平洋中间，经过很少的陆地——只有亚洲的东北角，也许还有斐济群岛

（Fiji Islands）的一部分。这是一种很有利的情形，可以避免日期变更线经过一个国家内部会发生的种种不便。

国际日期变更线并不是严格的地上子午圈，为了避免上述的不便，它可以曲折拐弯。因此，查塔姆群岛上的日期跟邻近的新西兰的日期一致，虽然格林尼治180°的子午圈正好从它们中间经过。

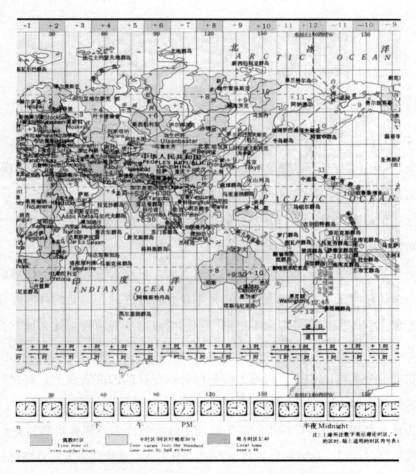

▲ 图1-16 在东经、西经180°附近的国际换日线

第四节

怎样确定一个天体的位置

读者们，在这一节里，作者不得不引用一些专有名词。如果你只是想了解一下天界现象的话，那么这一节并不是那么重要。但如果你是个天文爱好者的话，就一定不能错过这一节的知识。

你还记得第二节里我们曾经想象过的天球吗？如果快忘了，就快翻回去看看，回想一下我们研究的两个球的关系：

一个是真实的地球，我们正踩在它的上面，它每天带着我们不停地旋转；另外一个仿佛是天上存在的天球，它并不是真实存在的，但我们一定要在脑海当中想象出它。因为如果想象不出它，我们就没办法知道要到什么地方去寻找天体了。

我们身处天球的中心，天球上的东西好像在球的内部表面上，而我们是在地球的外部表面上。

为什么要提到这两个球呢？因为这两个球上的许多点都有相似的关系。

我们已经说过，地球的转轴指出我们的南北极，又从两个方向直横过长空，指出天球的南北极。

我们知道地球赤道环绕着地球，离两极同样远。在天球上也有一条赤道环绕着天球，与两个天极各成90°。如果把它从天上画出来，那么我们就能看到它永不改变的样子。

但事实是，我们必须准确地想象出它的形状。它在正东正西两点上与地平线相交，实际上就是3月和9月（春秋分），太阳在地平线上的12小时内，由周日运动在天上移动的那一条路线。

从美国北部各州看，它正好横过天顶与南方地平线之间的正中间。越往南，它就越接近天顶。在中国的大部分地区看也是如此。

就好像我们有平行于赤道而环绕地球赤道南北的纬度圈一样，天球上也有这样平行于两个天极的圈子。正像地球上的纬度圈越接近两极越小一样，天球上的纬度圈也是越接近天极越小。

我们都知道，地球上的经度是根据通过该地从北极到南极的子午圈而定的。这个子午圈与格林尼治子午圈所成的角度便是当地的经度。在天球上，我们也可以找到类似的东西。

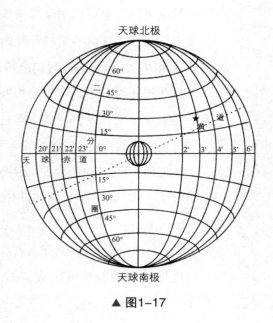

▲ 图1-17

我们想象一下，有一些介于北天极与南天极之间的线朝各方向上散开，但是与天球赤道成直角正交，如图1-17所示，这便是"时圈"。其中之一叫作"二分圈"，图中也标示着。这条线正好通过春分点（但是这节我们先不讲）。它在天上的作用与格林尼治子午圈在地上的作用相同。

天球上一颗星星的位置可以与地球上一座城市的位置用相同的方法来定，即由它的经纬度来表示。但是用的名词却有很大的差别。

天文学中，相当于地上经度的叫作"赤经"，相当于地上纬度的叫作"赤纬"。于是我们就有了以下一些定义，读者们一定要牢牢地记下来，因为以后还会用到！

一颗星星的赤纬便是它距离天球赤道在南北方向上的视距。图中的星星正在赤纬北25°。一颗星星的赤经便是经过这颗星星的时圈与经过春分点的二分圈所成的角度。图中的星星正在赤经3时上。

当然，在天文学中，一颗星星的赤经通常用时分秒来表示，也可以用度数来表示，正如地上的经度一样，如果用时表示的赤经的度数，就要乘以15。这是因为地球在每小时内旋转15°角。

从图中还可看出，纬度的相差体现在直线距离上，全地球上的长度都一样。但是经度的相差是不一样的，经度的直线距离从赤道到两极越来越小。

在地球赤道上，1经度的实际距离约111.8千米；但是到了南北纬45°上，它却只有67.6千米了；在南北纬60°上，它已不到56千米了；在两极处，它就相当于零了，因为各子午圈在那儿都相遇到一点了。

地球自转的线速度也会依据这个规律而逐渐减小。

小知识：线速度

物体上任意一点对定轴做圆周运动的速度称为线速度。它的一般定义是质点（或者物体上的点）做曲线运动（包括圆周运动）时所具有的即时速度。它是描述做曲线运行的点运动时所具有的即时速度，其方向是沿运动轨道的切线方向。

在赤道上，经度相差15°，实际距离约相差1600千米，地球旋转线速度约为每秒钟460米；但在南北纬45°上，线速度已减小到每秒钟300米多一点儿了；在南北纬60°上时，线速度就只等于赤道上的一半；到了两极，线速度就减小到零了。

假如我们把这种经纬应用到天上去，唯一的困难就是地球的自转。

如果我们不移动，那我们就永远在某一经度上不动。但是因为地球的自转，天上任何一点的赤经都在不断地移动，尽管在我们看起来是不动的。

几乎地球上与天球上的每一个点都非常相似，地球围绕着它的轴从西往东旋转，天球就好像从东往西旋转。如果我们想象地球在天球中央，有一根公共的转轴穿过它们（如图1-17所示），我们就会更加理解它们的关系了。

如果太阳也像星辰一样固定在天球上不动，那么我们要找一颗已知赤经和赤纬的星星就容易得多。但是因为地球每年环绕太阳公转一次，所以在每晚的同一时刻，天球上的太阳的位置永不相同。

接下来，我们就来说说这种公转所产生的影响。

地球的周年运动及其结果

球不仅自转，而且环绕太阳进行公转。这种现象就好像太阳在众星之中每年环绕天球旋转一周一样。

开动脑筋想象一下，我们环绕着太阳运动，并且能够看到太阳正在向我们的反方向移动，这就可以看出太阳在众星之中的运动了。当然，我们无法轻易看到这种运动，因为我们在白昼看不到星星。

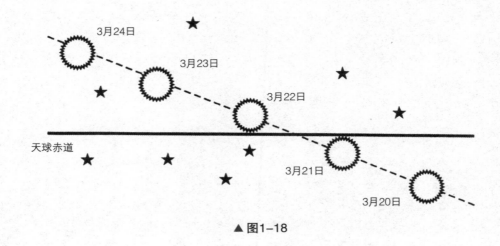

▲ 图1—18

如果我们能在白昼看见星星的话，就会发现它们都散布在太阳的周围。假如我们看到有一颗星星与太阳同时升起，那么在一天之中，太阳就会逐渐向东远离那颗星星。在太阳落下之前，它距离那颗星星约有自己的直径那么远。到次日早晨，我们就会看到它已离那颗星星更远了，距离约是自己直径的2倍。

图1-18表示了春分时（3月21日前后）的这种情形。

这种运动一个月一个月地持续下去，直到太阳远离这颗星星，环绕天球一圈。一年以后，太阳又与这颗星星相遇了。

太阳的周年视运动

图1-19表示地球绕日运动的轨道。

当地球在A点的时候，太阳在AM线上就对应到M点上。当地球由A移动到B点时，太阳就对应到N点了。

▲ 图1-19

古人想象出一条线绕过天球，太阳每年沿着这条线环游天球一次。这条线叫作"黄道"。他们又想象出一条带子把黄道线夹在中间，并且这条带子包括了所有已知的行星和太阳，这条带子叫作"黄道带"。

这条带子分为十二个宫，每个宫包含一个星座，太阳每个月经过一个宫，全年经过十二个宫。这便是人们常说的"黄道十二宫"。

现在，我们就可以看出，我们说过的环绕全天球的两道圈是由两种绝对不同的方法来定的。天球赤道是由地球转轴的方向决定的，恰好在两个天极的正中间嵌入天球。黄道却是由地球绕太阳的运行轨迹决定的。

这两道圈虽不一致，但在相对的两点相交，约成23.5°的角，或者说约为直角的1/4。这个角便叫作"黄赤交角"。

根据我们之前介绍过的内容，不难知道两个天极是由地球转轴的方向决定的。它们不过是天上相对的两点正好和地球转轴成一条直线罢了。天球赤道就是位于两个天极正中间的大圈，这也是根据地球转轴的方向而定的。

我们假设地球的绕日轨道是水平的，把它想象成一个平盘的圆周，太阳就位于平盘的中心。地球沿着圆周运行，中心恰好在平盘上。

假如地球的自转轴是垂直的，那么它的赤道一定是水平的，并且与平盘在同一平面上。地球绕平盘旋转一周，中心始终对着太阳。

于是，在天球上，黄道也一定与天球赤道是同一个圆圈。黄赤交角（黄道倾斜角）产生的原因就是地球自转轴并不是刚才假定的垂直的，而是倾斜了23.5°。黄道对平盘的角度也是这么大，而这个倾斜就是地轴的倾斜。

与此相关，还有一个重要的事实：在地球绕太阳旋转的时候，它的轴在空间方位上是不变的。因此，地球的北极有时偏离太阳，有时偏向太阳。

如果你想象不出上面介绍的内容，请见图1-20所示，那就是刚才假想的平盘，地轴向右，北极的方向永远不变。

如果我们不明白黄道倾斜的影响，那就再打个比方好了。

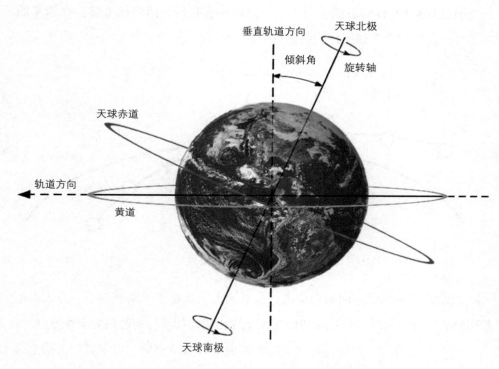

天球北极

垂直轨道方向

倾斜角

旋转轴

天球赤道

轨道方向

黄道

天球南极

▲ **图1-20** 地球的倾角变化范围在22.1° —24.5° 之间

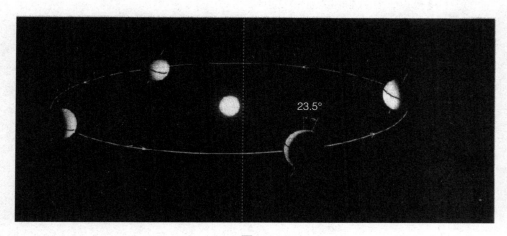

23.5°

▲ 图1-21

假设在3月21日前后的一个正午，地球停止自转，但继续公转。在未来的三个月，我们就会看到图1-22的情形。

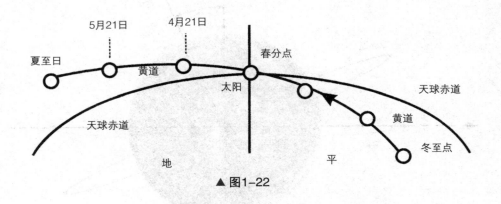

▲ 图1-22

假设我们在图中，向南天望去，会看到太阳正在子午圈上。乍一看，太阳似乎静止不动，天球赤道从东向西与地平线相交，黄道与赤道相交于春分点。

三个月之后，我们就会看到太阳慢慢地沿着黄道走向"夏至点"。那是最靠北的一点，太阳约在6月22日前后到达。

过了夏至点，让我们继续追踪太阳。

它的轨迹又使它渐渐接近天球赤道，约在9月23日（秋分点）前后经过天球赤道。剩下的半年时间依然按照这样的路线运行。

在12月22日（冬至点）前后到达离赤道最南的一点，又在3月21日（春分点）前后经过天球赤道。这些日期会因为闰年的缘故而有所不同。

在两个天极之间通过的这些点与天球赤道成直角的时圈称为"分至圈"。通过春分点的二分圈，是赤经的起点，我们在前面已经介绍过了。

与天球赤道成直角的是二至圈。

让我们再来认识一下星座与季节气候及每日时间的关系。

假设今天太阳与一颗星星同时经过子午圈，那么明天太阳就要在这颗星星的东边1°左右了。这是我们之前提到过的，也就是说这颗星星要比太阳大约早4分钟经过子午圈。

这样的情况每天都继续，一年一重合。这样一来，这颗星星每年经过天空的次数就比太阳多一次。太阳经过子午圈365次，那颗星星就要经过366次。

但南天的星星和太阳出没的次数是一样的。

四季

如果地球自转轴恰好与黄道所在的平面垂直，黄道与天球赤道重合，那么我们便不会感受到四季的变化。因为太阳永远从正东方升起，向正西方落下，全年不变。地球上的气候变化也不大。

但黄道既然倾斜了，那么太阳在赤道以北的时候（3月21日到9月23日），

▲ 图1-23 12月时季节的示意图。不论一天的什么时间，北极是极夜，而南极是极昼。太阳对北半球的光照角度更小，而且被折射得更多

每天照耀北半球的时间比南半球要长，而且与地面所成的角度也大一些。

在南半球上的情形则恰好相反。

所以当北半球是冬季时，南半球便是夏季，彼此的季节恰恰相反。这边是夏季，那边又是冬季了。

真运动与视运动的关系

在开始讲这部分内容之前，我们有必要先把几个名词讲清楚，这样便于小读者们对后面内容的理解。

真运动就是地球的运动，视运动就是真运动所引起的天体的视运动。真周日运动是地球绕自己的轴自转，视周日运动是因地球自转而产生的星体现象。真周年运动是地球环绕太阳的公转，视周年运动是太阳在群星之间环绕天球运动。

在每年3月21日前后，地球赤道的平面从太阳的北面移到南面去，在9月23日前后又从南面移到北面。所以我们说太阳在3月经过赤道向北移动，在9月又经过赤道向南移动。

相对于地球轨道垂直的线，地球的自转轴倾斜了23.5°，其结果便是黄道也对天球赤道倾斜了23.5°。

在夏季，地球的北半球倾向太阳，被地球带着转的北纬度地区会在旋转一次中得到太阳光，且时间有一大半，而南纬度地区得到太阳光的时间只有一小半。于是北半球炎热的夏天白昼较长，而南半球正是昼短夜长的冬季。

到了北半球过冬的时候，这种情形就反过来了。南半球倾向太阳，北半球远离太阳。南半球是昼长夜短的夏季，北半球正赶上昼短夜长的冬季。

当然，这些事实都是从相对性原理出发得到的。宇宙没有中心，所有的参照物都是相对而言的。

年与岁差

我们平时常说的年的概念是地球环绕太阳旋转一周的时间。按我们所说的，一年的长短有两种不同的度量方法。

一种是量出太阳经过同一颗恒星两次所用的时间；另一种是量出太阳经过春分点（或秋分点，即经过天球赤道）两次所用的时间。所以，如果我们认为二分点是固定在众星之间位置不变的点，那么这两种度量方法就完全相同了。

但是，古代天文学家根据数千年的观察发现，两者并不一致。

太阳以恒星为起点绕着天空一周比以春分点为起点绕天空一周要多费约20分钟。这说明，每年春分点是在众星之间不停地移动着位置，这种移动就叫作

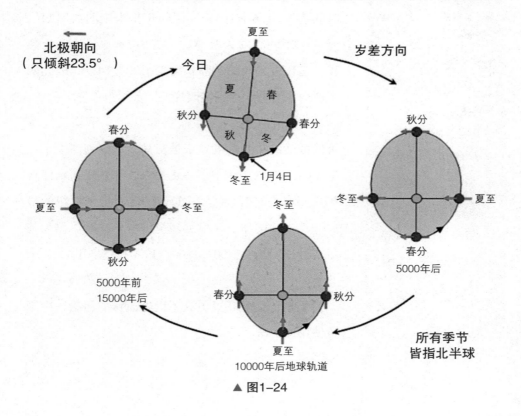

▲ 图1-24

"岁差"。

假设地球一直在旋转，经过六七千年，旋转了六七千次之后，我们就会发现地球的北极不是向着我们的右方，而是转到正对我们的那边了；再过六七千年，它又转到我们的左方，而且是背对着我们；再然后就回到原来的位置上了。这个过程大概需要2.6万年。

上述的两种年，一种叫作"恒星年"，另一种叫作"分至年"或"回归年"。

恒星年是太阳两次经过同一恒星所用的时间，时间为365日6小时9分。回归年是太阳两次回归二分点所用的时间，具体时间是365日5小时48分46秒。这比恒星年的实际长度少了20分14秒，因此四季便会在千百年中慢慢改变。

为了避免这一点，需要建立一个平均长度尽可能准确的年的制度。于是罗马教皇格列高里十三世（Gregory XIII）下了一道命令，在儒略历的四百年之间取消3次闰年。根据儒略历，每个世纪的最后一年必为闰年。在格列高里历中，1600年仍为闰年，可是1500、1700、1800、1900都是平年。

于是，格列高里历成了世界通行的历法，中国也使用该历法。

农历

但是在中国，除了格列高里历（俗称阳历）之外，还有盛行千百年之久的农历法。它是一种特殊的阴阳历，并不是纯粹的阴历。现在，中国老百姓安排农事、渔业、生产、节日等重要工作都会以它为依据。

农历的月按照朔望周期来定。

月相朔（日月合朔）所在日为本月初一，下次朔的日期为下月初一。因为一个朔望周期是29.53日，所以月份分为大小月。大月为30日，小月为29日。某月的"大""小"，哪天是"朔日"，要根据太阳、月亮的真实位置来推算，古时候叫"定朔"。

农历的年以回归年为依据。农历用增加闰月的方法（置闰的基本方法要根据24节气来定）使农历年的平均长度与回归年接近，并将岁首调整到"雨水"所在的月初。

农历一年12个月，共354或355日。平均19年有7个闰月，使19年的农历年与19年的回归年基本等长。所以一般来说，中国人19岁、38岁、57岁、76岁时的阳历生日和农历生日会重合到一起。

自汉武帝太初元年（公元前104年）五月颁布太初历以来，除个别朝代对其有短期改动以外，一直都以雨水所在月份为正月，该月初一为农历岁首。

第 **2** 章

望远镜

折射望远镜

当你了解了我们的星辰系统及其运行规律，我猜你一定开始对如何使用望远镜感兴趣了。

你一定想知道究竟什么是望远镜，用望远镜又能看到什么，如果我们先弄明白这些问题，那么去天文馆使用这些仪器的时候，肯定会获得更多的知识。

众所周知，望远镜可以使我们看得更远，一件若干千米以外的东西仿佛就在几米以内。引发这种神奇现象的光学工具是一些磨得很好的透镜，这些透镜和我们的眼镜差不多，只不过更加精美罢了。

收集从物体来的光至少有两种方法：一是让光通过许多透镜；二是用凹面镜把光反射出来。我们所说的望远镜分为：折射望远镜、反射望远镜、折反射望远镜。

我们先从折射望远镜开始讲起。

▲ 图2-1 法国尼斯天文台的76厘米折射镜

▲ 图2-2 反射望远镜

▲ 图2-3 马克苏托夫式折反射望远镜

望远镜中的透镜

一架折射望远镜中的透镜由两个系统组合而成：

一个是"物镜"——用来在望远镜的焦点上形成远处物体的像；

另一个是"目镜"——用来在人眼看得最清晰的地方形成新的像。

望远镜的难点是物镜。制造它的时间比制造其他部分加起来的时间还要多，因而要求它更加精确。

200多年前，所有国家的天文学家都相信，世界上仅有一个人可以制造这种巨大而精确的物镜，这个人就是阿尔凡·克拉克（Alvan Clark），下面我们会提到这个人。

▲ 图2-4 在一架显微镜上的几个物镜

▲ 图2-5 不同类型的目镜

我们常说的物镜是由两大透镜构成的，望远镜的功能完全依赖这些透镜的直径，也叫望远镜的"口径"。望远镜口径的大小不等，家用小型望远镜的口径才10厘米左右，但是叶凯士天文台大型折射望远镜的口径有1.02米。

要使远处的物体在望远镜中呈现清晰的影像，最重要的就是物镜，它一定要把该物体上所有的光都聚集到一个焦点上，否则物体就会看起来很模糊，好像从一副不合光的眼镜里看东西一样。可是，无论什么玻璃制成的单片透镜都不能把所有的光集中到同一点上。

我们平时看到的光是由不同颜色混合而成的，三棱镜会把光分散开，从红色排下去是橙、黄、绿、蓝、靛、紫。一个单片透镜会把不同颜色的光聚到不同的焦点上，红色的光离物镜最远，紫色的光离物镜最近。这种光线的分散叫作"色散"。

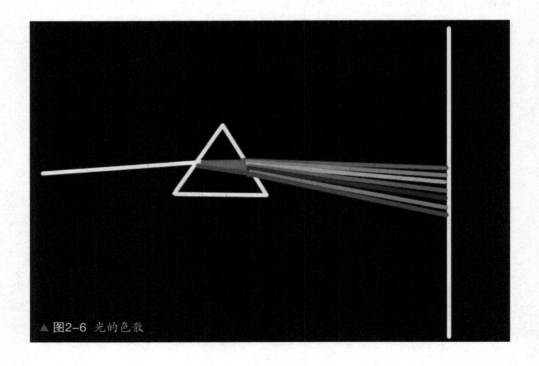

▲ 图2-6 光的色散

300年前，天文学家都认为世界上没有任何办法能够避免这种色散。

约在1750年，伦敦的多龙德想出了一个办法：利用两种不同的玻璃，冕牌玻璃和火石玻璃。这种方法的原理十分简单，冕牌玻璃的折光能力与火石玻璃的折光能力几乎一样，但色散能力却要大一倍。

如图2-7所示，多龙德用两块透镜做成一副物镜，前面是冕牌玻璃的凸镜，后面是火石玻璃的凹镜。两个透镜的曲度相反，会使光向不同的方向射去。冕牌玻璃的凸镜要把光集中于一点，火石玻璃的凹镜却要把光线分散。这种巧妙的设计足以消除冕牌玻璃引起的色散，却无法消除它一半的折光能力。所以这种组合的结果就是当所有的光线通过时，差不多集中于一个焦点，但这个焦点却比单用冕牌玻璃远了约一倍的距离。

火石玻璃

冕牌玻璃

▲ 图2-7

之所以说"差不多集中于一个焦点"，是因为两层玻璃组合起来不能完全把各种光线集中于一个焦点。望远镜的口径越大，这种缺陷越明显。

如果你用一架大型折射望远镜去看月亮或星星，一定会看到它们周围有一圈蓝色或者紫色的晕痕。这两重透镜不能把蓝色和紫色光线都集中到与其他颜色的光线都相同的焦点上，这种现象叫作"二级光谱"的像差。面对这种由光学玻璃的一般性质产生的像差，科学家也没办法，而缩小相对口径仅可以减小它的不利影响。

由于大型折射望远镜需要使用大块的、透光性良好的光学玻璃，这给制造者带来了困难。大型折射望远镜在紫外和红外波段的透光量比反射望远镜少，存在残余色差。它的架构的支持力也不像反射望远镜那么好，所以制造这种望远镜还需要更多的资金和人力的投入。这些因素都限制了它向更大的口径发展。当今世界上最大的折射望远镜的口径仅有1.02米。

由于物镜聚光于焦点的作用，远处物体的像便在焦平面上形成了。焦平面是通过焦点与望远镜的主轴或视线成直角的平面。望远镜就像长焦距的大照相机，我们可以用它来照天空的相片，正如摄影师用照相机照的相片一样。

2000多年前，有一个著名的月亮大骗案。

有一个作家用荒唐的故事欺骗了许多读者——赫歇尔爵士（Sir John Herschel）用极大放大倍率的望远镜观测月亮，竟然感觉光线不足，无法看到影像。于是，有人建议他用人工光来照明那些影像，结果连月亮上的动物都可以看到了。

这当然是谎言。因为从本质上说，外来的光线是无法帮助望远镜成像的，因为它并非一幅真像（实像），而是远处物体的任何一点光线相交在影像相对应的点上，再从该点散开到焦平面上的图画。我们将因光聚集而成的像称为"虚像"。

假如物体的影像（确切地说是图画）恰好在我们眼前形成，那么你也许会疑惑：为什么看它还需要目镜呢？为什么观测者不能站在图画的后面向物镜看去，直接看见影像悬在半空中？其实，目镜只不过是个小眼镜，直接看物镜几乎没有什么用处。目镜的焦距越短，观察越精确，放大率越大。

望远镜的装置

讲了这么多，你一定以为使用望远镜观测天体是极其简单的事情，只要把望远镜对着想要观测的天体就行了。

我们不妨试验一下这种办法：把望远镜对准一颗星星，意想不到的事情却发生了——星星并没有安静地待在望远镜的视野里等我们去观测，反而逃得很快！

▲ 图2-8 天文望远镜

这是因为地球的自转速度与我们望远镜放大率同比例增大的缘故。如果使用高倍率的望远镜，结果就是我们还没来得及观测，星星就已经逃开了。同样的，因为望远镜中所见视野随望远镜的放大作用而缩小，所以它的实际观测范围要比看起来小得多。缩小的倍率等于望远镜放大的倍率。

解决这一问题的方法就是适当地装置望远镜，使它在互成直角的两轴上旋转。有它的帮助，我们就可以使望远镜指定一颗星星了。

让我们来了解一下转动望远镜的两轴之间的关系。主要的一根轴叫作"极轴"，装得恰好与地球的自转轴平行，正对着天极。

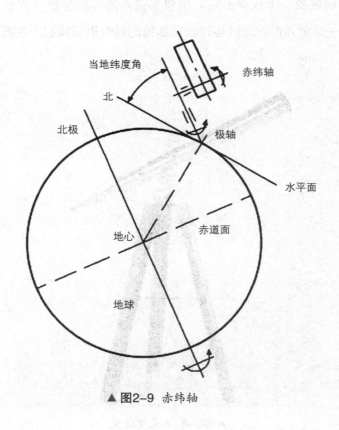

▲ 图2-9 赤纬轴

地球每天从西向东旋转，设置一个连接极轴的装置，使它以同等的速度从东向西旋转。于是，地球的旋转似乎被望远镜的逆旋转抵消了。当望远镜指着一颗星星时，装置开始运动，这颗星星就不会逃出望远镜的视野范围了。

为了使望远镜可以指向天空中任意一点，必须有另一根与极轴成直角的轴，这根轴叫作"赤纬轴"。它的上面有一鞘刚好安在极轴的前端，两者合成一个T字形。望远镜可以在这两根轴上转动，我们可以使它指向任何想要看的地方。

值得一提的是，中国汉代著名科学家张衡发明的浑天仪早就采用了类似的结构。

浑天仪为球体模型，有一个轴贯穿球心，轴和球有两个交点，作为南极和北极。在球的外面套有两个圆圈，一个叫地平圈，另一个叫子午圈，二者交叉环套。天球半露在地平圈上，半隐在地平圈下，天轴支架在子午圈的上边。另外，在球体上还有黄道和天球赤道，二者互成24°交角。天球赤道和黄道上各刻有24个节气。从冬至点起，划分为365.25°，每度分四格，太阳每天在黄道上移动1°。

既然极轴与地轴平行，它对地平线的倾斜度就正好等于当地的纬度。在北纬较南部，它偏于水平。到了北部，又偏于垂直了。

很明显，上述的装置还不足以解决将一颗星星移入望远镜视野（或照通常说法，找到一颗星星）的问题。我们也许会花费几分钟，甚至几小时，却无法成功。但是不要紧，找出星星的方法还有以下两种：

每台天文望远镜的长筒下端都附有一个小望远镜，它叫作"寻星镜"。寻星镜的放大率较低，视野范围较大。如果观测者能看见那颗星星，便可以从镜筒外找到目标，再用寻星镜对准它，使它进入寻星镜的视野。在寻星镜中看到该星星后，再把星星移到视野的中央。按照这个步骤做完之后，星星也就在主镜的视野之中了。

但天文学家所要观测的星星大部分是肉眼看不见的。因此，他必须想办法使望远镜对准它。

这就要依靠分别装在两轴上的划分度数的圆圈了。其中一个圆圈刻着度数

▲ 图2-10 清代天球仪（又名浑天仪、浑象），用以表现恒星和星座位置，并能演示天体的周日运动，东汉张衡、三国王蕃、刘宋钱乐之都曾造过这种仪器

▲ 图2-11　格里菲斯天文台的导游指着24.5英寸卡塞格林望远镜上的寻星镜

及分秒，表示望远镜所指的那一点的赤纬；另一个圆圈装在极轴上，叫作时圈，分成24小时，每1个小时又分为60分，用来表示赤经。

当天文学家要寻找一颗位置已知的星星时，他只要先看一看恒星时，从恒星时中减去该星星的赤经，就可以得到它的当时的"时角"，或者说在子午圈偏东或偏西的距离。再使赤纬圈对准该星星的赤纬，也就是说，转动望远镜，使圈上的度数正好等于该星星的赤纬度。在极轴上转动仪器，使时圈上也正好是该星星的时角，然后开动导星器自动追踪星星，再向望远镜中望去，你要找的星星便出现在眼前了。

如果你有机会去天文台参观，就会马上明白恒星时、时角、赤纬以及其他名词有多么简单了，这些东西实际上比纸上写的要容易得多。

望远镜的制造

现在，我们来聊一些与望远镜制造有关的历史事实。

前面已经说过，制造物镜是望远镜最困难的一部分，如果有一点点细微的差错——即便这差错只占物镜0.00003厘米薄的部分，都会把像毁坏。在制作镜片的过程中，即使磨镜师的本领很强，可以把镜片磨得很精确，也不一定能做好它。把玻璃盘造得足够均匀与纯净同样是难题，玻璃的均匀程度稍微差一点儿就既不能用也不美观了。

从19世纪开始，要把火石玻璃加工得足够均匀就成为了一个大难题。这种物质中含有大量的铅，在熔化玻璃的时候会沉入锅底，导致下半面的折光能力比上半面的更大。所以，一架口径十几厘米的望远镜在当时就算是大望远镜了。

▲ 图2-12　夫琅和费

当时，瑞士人奇南（Guinand）发明了一种制成大片火石玻璃的方法——在熔化玻璃时用力地搅动。而为了让这些玻璃盘更好地被使用，还需要一位具有相当才能的磨镜师把它磨光，使它恰好能够被使用。

慕尼黑的夫琅和费（Fraunhofer）就是这样的技师，他曾在1820年制造了口径为25厘米的望远镜。1840年，他又制造了两架口径为38厘米的望远镜。这些都是从未出现过的产品，在当时被认为是奇迹。其中之一为俄国普尔科沃天文台所得；另一架为哈佛天文台所得，即使五六十年后仍可以使用。

夫琅和费死后，又出现了一位杰出的继承者——麻省剑桥港的肖像画家克拉克。这个人从未接受过专门的技术教育，也未接受过运用光学器具的训练，却成就了无人能及的伟业，这足以证明他天赋异禀。

他从欧洲买来一些做小望远镜所必需的粗玻璃盘，制造了一副很令人满意的10厘米口径的望远镜。

他制造的透镜使他名声大振，后来，克拉克又开始制造一架空前巨大的折射望远镜。这便是在1860年前后完成的口径为46厘米的大望远镜，这是专门为密西西比大学制造的。

在这架望远镜完工尚待试验的时候，他的儿子乔治·克拉克曾用它在他的工厂中观测天狼星的伴星（因为这颗伴星对天狼星有引力，人们早知其存在，却从未看见过它）。美国内战爆发后，密西西比大学未能得到这架望远镜，却被芝加哥人买去了。它曾经是迪尔伯恩天文台的主要观测工具。

大型折射望远镜

19世纪末，随着工艺水平的提高，各国对光学玻璃的制造技术不断改良，随之出现了一个制造大口径折射望远镜的高潮。

当时有不少专家显露出了他们的才能，制成了精美巨大的透镜。世界上现有8架口径70厘米以上的折射望远镜，其中7架是在1885年到1897年间制成的。它们中最有代表性的是1897年制成的口径102厘米的叶凯士望远镜和1886年制成的口径90厘米的里克望远镜。

英国陆续制造出越来越大的玻璃片，克拉克用费尔制成的玻璃片制造更大的望远镜，其中包括为华盛顿的海军天文台制造的口径66厘米的望远镜；为弗吉尼亚大学制造的大小相当的望远镜；为俄国普尔科沃天文台制造的口径76厘米的望远镜；为加利福尼亚的里克天文台制造的口径91厘米的望远镜。

费尔去世后，曼陀伊斯承担了制造玻璃的工作。他制造的玻璃既纯净又均匀，无人能及。他继续向克拉克提供玻璃片。

后来，克拉克为威斯康星的叶凯士天文台制造了最大的望远镜物镜。这架望远镜的口径有102厘米，现在仍是世界上最大的折射望远镜。

不过，那时的望远镜在机械方面已经有了很大的改善。大望远镜安置得十分平稳，而且很容易用手推动，运动受电机控制。当要把望远镜移动到新的位置时，天文学家只需按一按电钮，望远镜便移动过去了。

观测者所站的地板也可以随意起落，使观测者得以贴近目镜的新位置。现代的光学望远镜充分利用了电脑自动控制的便利，这大幅度提高了大型望远镜的操作性和观察性。

反射望远镜

在折射望远镜一节中，我们已经明白物镜是一个透镜或许多透镜的组合，被安置在镜筒的上端。它能将星光折射到接近镜筒下端的焦点上去。

但在反射望远镜中，物镜是一个凹镜，被安置在镜筒的最下端。它将星光反射到接近镜筒上端的焦点上去。由于工作焦点的不同，现在应用的有主焦点系统、牛顿系统、卡塞格林系统、格雷果里系统以及折轴系统等。

本节主要介绍两种：一是牛顿式，一是卡塞格林式。

牛顿式反射望远镜将一面小镜斜放在镜筒中接近筒顶的焦点之内。这面镜的反光面正好和望远镜的主轴成45°

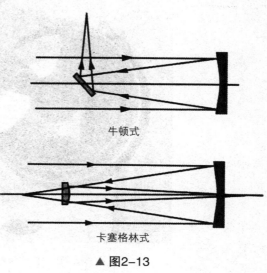

牛顿式

卡塞格林式

▲ 图2-13

▲ 图2-14 牛顿式望远镜

▲ 图2-15 卡塞格林式望远镜

角，把从大镜射来的汇聚的光柱再反射到镜筒边上去。在那儿可以用普通的目镜来看。

牛顿式反射望远镜的观测口在镜筒上端左边附近。观测者用目镜看去的方向与他所观测的星星成直角。大型反射望远镜的观测台连在旋转圆顶上，正对着缝隙，很容易起落，使观测者能在适当的位置看见望远镜所指的任何方向。

卡塞格林式望远镜则有一个较小的略显凸形的反射镜片，它放在主镜与其焦点之间。小镜把汇聚的光柱再反射回去，射向大镜，从大镜中央一个小开口处通过，在镜后形成焦点，就在这儿安放目镜。使用这种望远镜的观测者朝他所观测的物体望去，正如用折射望远镜一样。

许多反射望远镜既可使用牛顿式，又可使用卡塞格林式的。

反射望远镜有许多优点，例如没有色差、观测波段宽、比折射望远镜更易制造等。但它也存在固有的不足：如口径越大视场越小，物镜需要定期镀膜等。

现代的大口径光学望远镜大多数是反射式的。

早期反射望远镜的镜子是用金属盘做成的。如果镜面暗了，还需再磨光。约在200年前，金属才被玻璃代替。

将圆玻璃的一面磨成所需要的形状是镜片的基础，它的曲面上需要镀一层极薄的银膜或铝膜。它对红外区和紫外区都有较好的反射率，适于在较宽的波段范围研究天体的光谱和光度。镀银（或铝）面暗淡不明时，很容易替换新的。

第三节

折反射望远镜

▲ 图2-16 施密特望远镜

折反射望远镜出现于1814年，它是由折射元件和反射元件组成的。哈密尔顿提出在透镜组中间加入反射面，以增加光焦度，这样就能得到物镜更好的望远镜了。

1931年，德国光学家施密特别出心裁地用一块接近于平行板的非球面薄透镜作为改正镜，与球面反射镜配合，制成了可以消除球差和轴外像差的折反射望远镜，这种望远镜就是施密特望远镜。它视场大、像差小，适合拍摄大面积的天区照片，尤其对暗弱星云的拍摄有非常突出的效果。

1940年，马克苏托夫用一个弯月形状的透镜作为改正透镜，制作出了另外一种折反射望远镜。它的两个表面是两个曲率不同的球面，相差不大，但曲率和厚度都很大。它的所有表面均为球面，比施密特望远镜的改正板容易磨制，镜筒也比较短，但视场比施密特式望远镜的小，对玻璃的要求也高一些。

折反射望远镜特别适于业余的天文观测和天文摄影。现在，施密特望远镜和马克苏托夫望远镜已经成了天文观测的重要工具。

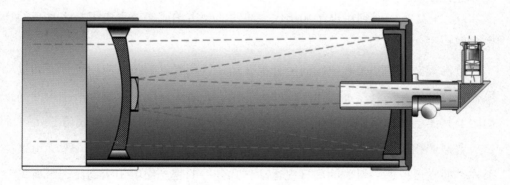

▲ 图2-17 马克苏托夫-卡塞格林式望远镜的光路图

望远镜摄影术

天文学的最大进步之一便是摄影术在天体研究上的应用。

让我们回到19世纪40年代，纽约的德雷珀成功地完成了一张月亮的银板照片。

哈佛天文台的邦德和纽约的卢瑟福开始把这项先进的技术应用到月亮和星辰上去。这些想法当然不能与现代的天体摄影相媲美，但是卢瑟福所拍摄的昴星团及其他星团的相片到现在还有天文学的价值，可见他们已经很成功了。

普通照相机是可以为星辰照相的，只是需要我们把它安置得像一架赤道仪那样，使它可以追随星辰的周日视运动。几分钟的曝光便可拍摄到比肉眼所见的更多的星星，事实上用大照相机拍摄的话，连一分钟也用不上。

为摄影而设计的折射望远镜常做得比同口径的目视望远镜要短些，目的是可以同时看见更大面积的天空。为了使大视野的像更清晰并减少模糊的颜色，其中的物镜常是两重的，即所谓的"双分离物镜"。

例如巴纳德的布鲁斯双分离物镜，他用它成功完成了举世无双的银河及彗星的拍摄。而哈佛天文台的口径61厘米的双分离物镜，曾经大幅度增加了我们对南半天球的了解。

只要物镜充分消去色散，折射望远镜既可以目视又可用作摄影。

如今，大量的摄影底片代替了我们用眼睛在望远镜上的观测。晴朗的天空被大量拍摄下来，而这些永久的记录更便于精密的研究。

常常会发生这样的情况，在一个特别有趣的天体（例如新行星或新星）发现以后，天文学家还可以在之前该部分天空的影片中寻找到这个天体多年前的历史。发现冥王星时的情形就是这样。

古代的天文学家都尽力用正确的图画记录太阳黑子、日食、行星、彗星、星云及其他天体的现象。这些图画要很长时间才能完成，其中还有天文学家的个人偏见。有时两位天文学家对同一天体绘制的两张图画竟一点儿都不相似。而通过摄影，我们可以得到更真实的天体影像，而且需要的时间更短。

天体摄影最大的优点是，在长时间的曝光之后，底片上可能会出现许多肉眼看不清楚或看不见的情形。譬如，许多在最大望远镜里都看不到的星云，在照片中却十分明显。

▲ 图2-18 现代的望远镜通常使用CCD取代底片来纪录影像。这是开普勒号太空船的感应器阵列

大型光学望远镜

凯克望远镜（Keck I 和Keck II）

凯克望远镜是当今世界上已投入使用的口径最大的光学望远镜。Keck I和Keck II分别在1991年和1996年建成，它们的配置完全一样，而且都放置在夏威夷的莫纳克亚，用于干涉观测。它们的名字源于为它们捐赠建造经费的企业家凯克（W. M. Keck）。

▲ 图2-19 凯克望远镜

它们的口径都是10米，由36块六角镜面拼接组成，每块镜面口径均为1.8米，厚度仅为10厘米，通过主动光学支撑系统使镜面保持极高的精度。焦面设备有三个：近红外照相机、高分辨率CCD探测器和高色散光谱仪。

欧洲南方天文台甚大望远镜（VLT）

1986年，欧洲南方天文台开始研制由4台8米口径望远镜组成的一台等效口径为16米的光学望远镜。

这4台8米口径望远镜均采用地平装置，主镜采用主动光学系统支撑，指向精度为1秒，跟踪精度为0.05秒，镜筒重量为100吨，叉臂重量不到120吨。这4台望远镜可以组成一个干涉阵，做两两干涉观测，也可以单独使用其中一台望远镜。

▲ **图2-20** 构成甚大望远镜连同辅助望远镜的四个单位望远镜

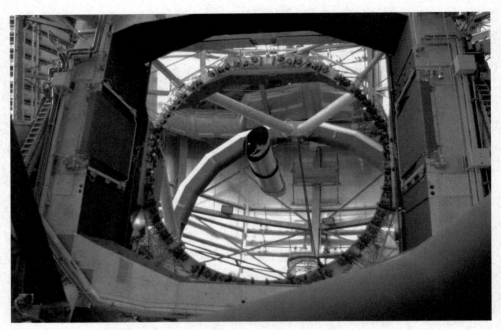

▲ 图2-21 甚大望远镜的主镜

大天区多目标光纤光谱望远镜（LAMOST）

LAMOST是中国兴建的一架有效通光口径为4米、焦距为20米、视场达20平方度的中星仪式的反射施密特望远镜。

它把主动光学技术应用于反射施密特系统，在跟踪天体运动中做实时球差改正，实现了大口径和大视场兼具的功能。

LAMOST的球面主镜和反射镜均采用拼接技术，并且采用多目标光纤的光谱技术，光纤数可达4000根，而一般望远镜的光纤数只有600根。LAMOST将极限星等推到20.5等，比SDSS计划（美国斯隆数字巡天计划）高2等左右。

▲ 图2-22

　　该望远镜已于2010年4月17日被正式冠名为"郭守敬望远镜"。2015年3月19日，中国科学院国家天文台对全世界发布郭守敬望远镜首批巡天光谱数据。此次公开发布的数据包括220万条光谱，信噪比大于10的恒星光谱172万条，超过目前世界上所有已知恒星巡天项目的光谱总数。数据中还包括108万颗恒星光谱参数星表，这是目前世界上最大的恒星光谱参数星表。

射电望远镜

▼ 图2-23 射电望远镜

19³²年，扬斯基（jansky K. G.）用无线电天线探测到来自银河系中心射手座方向的射电辐射，这标志着人类打开了在传统光学波段之外观测天体的第一个窗口。

射电望远镜在"二战"后带动了天文学的振兴。在20世纪60年代，天文学的四大发现——类星体、脉冲星、星际有机分子和宇宙微波辐射，均与射电望远镜有关。射电望远镜的每一次长足进步都让天文学的发展向前迈进一步。

小知识：类星体 脉冲星 星际有机分子 宇宙微波辐射

类星体、脉冲星、宇宙微波辐射和星际有机分子一道并称为20世纪60年代天文学的"四大发现"。

类星体是迄今为止人类所观测到的最遥远的天体，距离地球至少100亿光年。

类星体比星系小很多，但是释放的能量却是星系的千倍以上，类星体的超常亮度使其光能在100亿光年以外的地方被观测到。

脉冲星，又称波霎，是中子星的一种，会周期性发射脉冲信号，直径大多为20千米左右，自转极快。

宇宙微波辐射是来自宇宙空间的微波辐射，也称为宇宙微波背景辐射，特征是和绝对温标2.725K的黑体辐射相同，频率属于微波范围。宇宙微波背景辐射产生于大爆炸后的30万年。

星际有机分子即存在于星际空间的有机分子。星际有机分子的发现有助于帮助人类了解星云及恒星的演变过程，同时也增大了外星生命存在的可能性，是现在天文学的分支——星际化学的基础。

▼ 图2-24

1946年，英国曼彻斯特大学建造了口径为66.5米的固定式抛物面射电望远镜。1955年，又建造了当时世界上最大的可转动抛物面射电望远镜。

20世纪60年代，美国在波多黎各阿雷西博镇建造了口径达305米的抛物面射电望远镜，它是顺着山坡固定在地表的，不能转动，这是世界上最大的单孔径射电望远镜。

1962年，赖尔发明了综合孔径射电望远镜，并获得了1974年的诺贝尔物理学奖。综合孔径射电望远镜实现了由多个较小天线结构获得相当于大口径单天线所能取得的效果。

20世纪70年代，德国在波恩附近建造了口径达100米的全向转动抛物面射电望远镜，这是世界上最大的可转动单天线射电望远镜。20世纪80年代以来，

▲ 图2-25 美国超长基线阵列（VLBA）在维尔京群岛的接收机

欧洲的VLBI网、美国的VLBA阵、日本的空间VLBI相继投入使用，这是新一代射电望远镜的代表，它们在灵敏度、分辨率和观测波段上都大幅度优于以往的望远镜。

其中，美国的超长基线阵列（VLBA）由10个抛物天线组成，横跨从夏威夷到圣科洛伊克斯8000千米的距离，其精度是哈勃太空望远镜的500倍，是人眼的60万倍，它的分辨率相当于让一个站在纽约的人阅读放置在洛杉矶的一张报纸。

太空望远镜

地球表面有一层厚厚的大气，它们是地球的保卫者。地球大气中的各种粒子主要通过对天体辐射的吸收和反射，从而使大部分波段范围内的天体辐射无法到达地面。

人们把能够到达地面的波段称为"大气窗口"，这种"窗口"有三个：光学窗口、红外窗口及射电窗口。大气对于其他波段，比如紫外线、X射线、γ射线等均是不透明的，在人造卫星上天后才实现对这些波段的天文观测。下面我们就来了解一下其他波段的望远镜。

红外望远镜

最早的红外观测可以追溯到18世纪末。由于地球大气的吸收和散射，造成在地面进行的红外观测只局限于几个近红外窗口，要获得更多的红外波段信息就必须进行空间红外观测。

从19世纪下半叶开始，红外天文学观测才真正开始。最初是用高空气球，后来发展到用飞机运载红外望远镜或探测器进行观测。

1983年1月23日，美英荷联合发射了第一颗红外天文卫星IRAS。其主体是一个口径为57厘米的望远镜，主要从事巡天工作。IRAS的成功极大地推动了

▲ 图2-26 置于红外线太空天文台飞行舱内的长波分光仪

红外天文在各个领域的发展。直到现在，IRAS的观测源仍是天文学家研究的热点目标。

1995年11月17日，由欧洲、美国和日本合作的红外空间天文台ISO发射升空。ISO的主体是一个口径为60厘米的R—C式望远镜，它的功能和性能均比IRAS提高很多。与IRAS相比，ISO具有更宽的波段范围、更高的空间分辨率、更高的灵敏度（约为IRAS的100倍）以及更多的功能。

紫外望远镜

紫外波段是介于X射线和可见光之间的频率范围。紫外观测需要避开臭氧层和大气对紫外线的吸收，所以在150千米的高空才能进行。从最初用气球将望远镜载上高空观察，到后来使用火箭、航天飞机和卫星等空间技术，这使紫

▲ 图2-27 远紫外分光探测器

外观测有了真正的发展。

1968年，美国发射了OAO—2卫星。之后，欧洲发射了TD—1A卫星。它们的任务是对天空的紫外辐射进行一般性的普查观测。

1972年，"哥白尼号"OAO—3卫星发射升空，它携带了一架0.8米的紫外望远镜，正常运行了9年，观测了天体的950～3500埃的紫外光谱。

1990年12月2日～11日，"哥伦比亚号"航天飞机搭载Astro—1天文台进行了空间实验室第一次紫外光谱上的天文观测；1995年3月2日开始，Astro—2天文台完成了为期16天的紫外天文观测。

1999年6月24日，FUSE卫星发射升空，这是NASA的"起源计划"项目之一，其任务是要回答天文学有关宇宙演化的基本问题。

紫外天文学是全波段天文学的重要组成部分，自"哥白尼号"升空至今，已经发展了紫外波段的EUV（极端紫外）、FUV（远紫外）、UV（紫外）等多种探测卫星，覆盖了全部紫外波段。

X射线望远镜

X射线辐射的波段范围是0.01～10纳米，其中波长较短（能量较高）的称为硬X射线，波长较长的称为软X射线。

天体的X射线根本无法到达地面，因此在人造地球卫星上天后，天文学家才获得了关于X射线的重要观测成果，X射线天文学才发展起来。

▲ **图2-28** 1999年发射的钱德拉X射线天文台

1962年6月，美国麻省理工学院的研究小组第一次发现了来自天蝎座方向的强大X射线源，这使X射线天文学进入了较快的发展阶段。后来，随着高能天文台1号、2号两颗卫星的发射成功，首次进行了X射线波段的巡天观测，使X射线的观测研究向前迈进了一大步，逐渐形成了对X射线观测的热潮。

γ 射线望远镜

　　γ 射线比硬 X 射线的能量更高、波长更短。由于地球大气的吸收，γ 射线天文观测只能通过高空气球或人造卫星搭载的仪器进行。

　　1991年，美国的康普顿空间天文台（CGRO）由航天飞机送入地球轨道。它的主要任务是进行 γ 波段的首次巡天观测，同时也对能量较高的宇宙 γ 射线源进行高灵敏度、高分辨率的成像、能谱测量和光变测量，并取得了许多具有重大科学价值的成果。

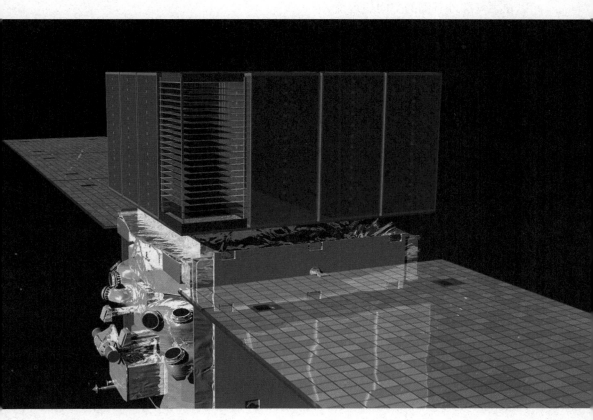

▲ 图2-29　γ 射线望远镜

CGRO配备了 4 台仪器，它们在规模和性能上都比以往的探测设备有量级上的提高，这些设备的研制成功给高能天体物理学的研究带来了深刻的变化，也标志着 γ 射线天文学开始逐渐进入成熟阶段。

哈勃太空望远镜（HST）

随着空间技术的发展，在大气外进行光学观测已成为可能，所以就有了可以在大气层外观测的空间望远镜。

空间观测设备与地面观测设备相比，有极大的优势。

以光学望远镜为例，望远镜可以接收宽得多的波段，短波甚至可以延伸到100纳米。没有大气的抖动，分辨率可以得到很大的提高；空间没有重力，仪器就不会因自重而变形，等等。

▲ 图2-30 哈勃太空望远镜

HST是由美国航天局主持建造的4座巨型空间天文台中的第一座，也是所有天文观测项目中规模最大、投资最多、最受公众瞩目的一项。它筹建于1978年，历时7年完成设计，并于1990年4月25日由航天飞机运载升空。

　　但是由于人为原因造成了主镜光学系统的球差，不得不在1993年12月2日进行了规模浩大的修复工作。这次修复非常成功，它的分辨率比地面的大型望远镜竟然高出了几十倍！

第 3 章

太阳、地球、月球

第一节

太阳系的最初一瞥

现在，我们已经知道包括地球在内的小群天体了。它虽然对宇宙来说微不足道，却是人类生存的根本。在详细介绍太阳系各个组成部分之前，我们要先学习这个系统的主要构成。

▲ **图3-1 按比例缩放的行星尺寸的星球：土星和木星**

▲ **图3-2** 按比例缩放的行星尺寸的星球：第一行：天王星和海王星；第二行：地球、白矮星天狼星B及金星

▲ **图3-3** 按比例缩放的行星尺寸的星球：上是火星和水星；下是月球、矮行星冥王星和妊神星

首先，我们要说的是太阳。

我们的小团体以它来命名，可见它有多么重要。这个在太阳系中央发光的巨大球体，不停地以惊人的速度把光和热辐射出去，并且用它强大的引力维持这个系统的运转。

其次，我们要说的是行星。

行星（包括地球）总是按照固定的轨道环绕太阳运行。行星这个词的本意是游移不定，之所以叫这个名字，就是因为它们在恒星间游移不定。

行星可以分为大行星与小行星两类。

大行星一共有8颗，是太阳系中除了太阳以外最大的物体。它们到太阳的距离按照远近的不同，有规律地排列着。它们绕太阳运行一周的时间也不相同，最近的水星（距太阳5800万千米）绕太阳一周只需要约3个月，而最远的海王星（距太阳约59亿千米）绕太阳一周却要花上近165年的时间。

若按八大行星的质量大小和结构特征来分，又分为"类地行星"和"类木行星"两类。

类地行星主要由石、铁等物质组成，体积小、密度大、自转慢、卫星少。水星、金星、火星都属于类地行星。而类木行星主要由氢、氦、氨、甲烷等物质组成，体积大、密度低，自转快、卫星众多，还有由碎石、冰块或气尘组成的美丽光环。木星、土星、天王星、海王星都属于类木行星。

大行星分为两群，离太阳较近的4颗为一群，其余4颗为一群，它们中间有一条很宽的空隙。内层的4颗类地行星比外层的类木行星要小得多，4颗类地行星加起来居然还不如天王星的1/4大。

在两群行星之间的空隙中运行的是小行星。

和大行星相比，它们异常渺小，几乎都在一条很宽的带中。相对于太阳来说，这条带的范围从离地球远一点点开始，一直到几乎10倍于地日的距离为止。

与大行星不同，小行星数目众多。我们已知有编号的小行星已有一万颗以

▲ **图3-4** 四颗类木行星

▲ 图3-5 类地行星

▲ 图3-6 小行星

上，而且还有很多不断被发现的新小行星。

太阳系中的第三类星是"卫星"。

大行星常常被这种小天体绕着旋转。除了最内层的水星和金星之外，其他大行星都有卫星。地球只有一颗卫星，即月球；土星的卫星已经发现了62颗；截至2012年2月，木星的卫星已经发现了66颗。

因此，除了水星和金星以外，每一颗大行星都是一个类似于太阳系的系统。有些系统就以其中央星体作为其名称，如火星系和土星系。

太阳系中的第四类星是"彗星"。

它们绕太阳旋转的轨道是一个非常扁的椭圆。彗星接近太阳时，我们才有可能看见，大多数彗星需要我们等几百年甚至几千年才有可能看见一次。

▲ 图3-7 2007年的霍姆斯彗星，蓝色的离子尾在右边

除了上述天体之外，还有无数微小的岩石块（称为流星体）也按固定的轨道围绕太阳旋转，它们类似于小行星和彗星。若它们没有碰巧进入地球的大气中来，形成"流星"，我们是无法看见它们的。

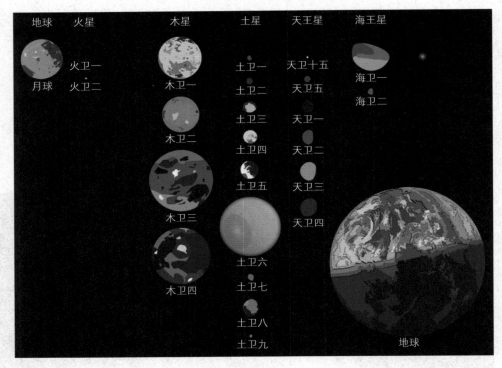

▲ 图3-8

下面是以距太阳远近为次序并附其所有卫星的行星表：

（一）内层大行星：

水星（Mercury）

金星（Venus）

地球（Earth）有1颗卫星

火星（Mars）有2颗卫星

（二）小行星

（三）外层大行星：

木星（Jupiter）有66颗卫星（有光环）

土星（Saturn）有62颗卫星（有光环）

天王星（Uranus）有27颗卫星（有光环）

海王星（Neptune）有13颗卫星（有光环）

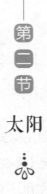

第二节

太阳

太阳是位于太阳系中央的、星系中最大的物体。

通过测量，我们可以计算出太阳的直径约为140万千米，约是地球直径的110倍，由此可以推算出太阳的体积比地球的体积大130万倍以上。太阳的平均密度是地球平均密度的1/4，约是水的密度的1.4倍。太阳的质量约为地球质量的33.2万倍。太阳表面的重力约为地球表面重力的28倍。假如人可以到太阳上去，会被自己的重量压倒。

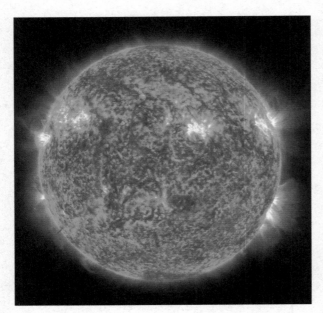

▲ 图3-9 太阳

太阳对于我们来说非常重要，因为它是光和热的来源。假如没有太阳，世界不仅要被无尽的黑夜包围，而且将在极短的时间内陷入永恒的寒冷；假如没有太阳，热量就会不断流失，气温就会不断下降，其结果是大气开始液化，最后地球成为一个银白色的、失去生命的死寂星球……

我们平常看见的太阳表面叫作"光球"。通过带滤光镜的望远镜，会看到太阳表面有斑点，这是因为光球上布满了很多不规则的小颗粒。

▲ 图3-10 太阳的光球层

只要我们用一块黑玻璃遮住眼睛，或者在彩霞浓厚的傍晚去看落日，就会很容易发现：越靠近太阳的边缘，亮度越低；到最外边时，亮度大约只有中央的一半。另外，边缘所发出的光比中心的光更暗红。

在观察太阳时，光球就是我们所能观察到的极限。光球虽然看起来如皮球表面一样光亮，但它的密度却只有空气密度的万分之一。我们看这一层时，还要透过数万千米的太阳"大气"。光球的圆面边上更黑更红的原因是这种大气很厚，我们看到的是"大气"更高更冷的一层，那儿的光也就更弱更红了。

太阳的自转

通过更细致的观测，我们可以发现太阳跟地球一样，也以其中心的一根轴为中心自西向东旋转。

同地球一样，我们把转轴与表面相交的两点叫作太阳的两"极"，把在两极中间的那个最大的圈叫作太阳的"赤道"。太阳赤道的自转周期是25.4天，而太阳赤道的长度是地球赤道的110倍，因此它的自转速度是地球的4倍以上，约为每秒2000米。

这种自转的独特之处是离赤道越远的地方自转周期越长。在太阳的南北极附近，自转周期约为36天。假如太阳也同地球一样是固体，它各部分的自转速度会是一样的。因此太阳就绝不可能是固体，至少在表面一层是这样。

太阳赤道与地球轨道平面的夹角是7°。在我们看来，春天时，它的北极背离我们7°，而所看见的圆面中心约在太阳赤道南边约7度。

太阳的黑子

用望远镜观测太阳时，常常能看到它的表面有一些黑色的斑点，我们称之为黑子。这些黑子随着太阳自转，通过这些黑子更容易确定太阳的自转周期。

黑子的大小差别很大，有的微点只能用最好的望远镜才能看得见，有的大块通过涂黑的玻璃就观测得到。

▲ 图3-11 太阳黑子

它们平常成群出现，虽然单个黑子不容易被人们看见，但黑子成群出现时就可以用肉眼看见了。有的单个黑子直径达 8 万千米，最大的黑子群能遮住太阳表面的1/6。

黑子数目不断增多的时候，它们都按与太阳赤道平行的圆圈展开。以太阳自转方向来说，领头的黑子大都是全体中最大而且寿命最长的一个。

黑子中央更暗的部分叫作"本影"，边上较亮的部分叫作"半影"。在分散的过程中，黑子会分裂成一些不规则的碎片。

我们对太阳黑子进行了400年的观测，发现它的出现是有一定规律的，约为6年一次。有些年份，太阳上面黑子的数目很少，甚至没有。第二年，黑子数目就增多了一些。以后逐年增加下去，顶峰一般出现在5年后。以后又一年年渐渐减少，直到满11年才又开始增加。

伽利略时代的人们就发现了这一周期变化。到了1843年，施瓦布确立了它们的周期率。

太阳与地球上的许多现象都遵循太阳黑子数目改变的周期，即11年循环周期。深红的"日珥"在太阳黑子最多时也最常出现；"日冕"随黑子数目的增加或减少而改变形状；地球上的"磁暴"也和黑子发生的频率与强度一致；"极光"在黑子最多时更频繁而壮观地出现。

太阳黑子的出现及其周期性与太阳的磁场有关。当前流行的太阳发电机理论试图通过研究太阳对流层中的流体运动和磁场的相互作用，来解释这种周期性以及太阳磁场的维持。按照这种理论，太阳黑子出现在磁场很强的太阳活动区，内部的相互作用会产生周期性振荡，并伴随出现表面磁场的细微变化。

太阳黑子的出现还有一个规律：黑子并不是散布在太阳的全部表面上，而是在太阳的某些纬度上才有。在太阳的赤道上，黑子并不常见，可是离赤道向北或向南就逐渐多了起来。在南北纬20°是黑子出现最多的地方，再远又开始逐渐减少，30°以上就很少出现了。

▲ 图3-12 日食时观测到的日珥和日冕

与黑子相反，太阳表面还常常出现一些较光球更明亮的斑点，这些斑点经常在黑子附近出现，这就是所谓的"耀斑"。

黑子的出现表示太阳上起了极大的风暴。它很像地球上的飓风，只是大了许多倍而已。炽热的气体在太阳旋涡中向上翻腾，到达比内部压力小得多的光球之后，这些气体就喷发出来，迅速冲出表面。这样膨胀的结果使周围的温度稍微降低了一点儿，因此也减弱了这一区域的光亮。菌状旋涡的平顶是极热极亮的，看起来稍微暗淡一些是因为跟周围平静的太阳表面相比温度较低。

地球上的所有旋涡（包括飓风）都是由于地球的自转引起的，在北半球逆时针旋转，在南半球则是顺时针旋转。

太阳黑子与之类似，太阳赤道北的太阳黑子与太阳赤道南的太阳黑子的旋转方向恰恰相反。但因为随从的黑子常常跟领头的黑子有相反的旋转方向，后

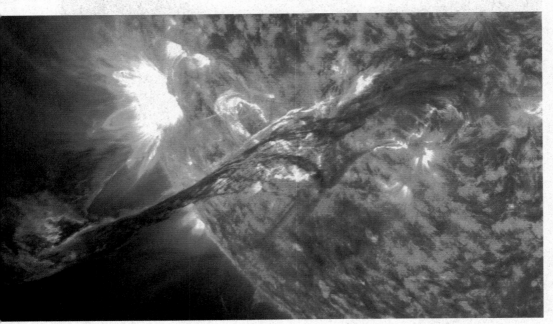

▲ 图3-13 2012年8月31日，一长条太阳物质从太阳大气最外层日冕爆发出来，进入太空

产生的黑子又受之前已经存在的黑子群的影响，所以太阳上风暴的情形更为复杂。

100多年前，美国的海尔和法国的德朗德各自独立发明了太阳单色光照相仪，用它可以单独给某一特定的元素所发出的光照相。当利用这种仪器给太阳进行氢光摄影时，会拍摄到"谱斑"相片，观察太阳黑子附近的形态分布，能看到旋涡的存在。

为了消除大气层对太阳观测的不利影响，20世纪60年代以来，空间探测器以及各种探测太阳的人造卫星陆续被发射升空。这些携带了各类精密仪器的卫星对太阳进行了全方位、多角度的研究，其中包括黑子周期现象，并且取得了很大的成果。

有了它们的帮助，我们可以比较准确地预报太阳黑子和耀斑的爆发，从而避免磁暴对电子设备的损害。

日珥与色球

神秘而美丽的日珥是从太阳各部分射出来的非常稀薄灼热的大团气体。若将地球投入其中，就如同一粒沙子投进烛火中一样。

它们升起时的速度非常快，有时竟高达每秒钟数百千米。它们也同耀斑一样，常常在黑子丛生的地带出没，但并不仅限于那些地区。

小知识：谱斑

谱斑，太阳色球中的活动现象。太阳光球层上比周围更明亮的斑状组织。利用色球望远镜或太阳单色光照相仪对它观测时，常常可以发现：在光球层的表面有的明亮有的深暗。这种明暗斑点是由于这里的温度高低不同而形成的，比较深暗的斑点叫作"太阳黑子"，比较明亮的斑点叫作"光斑"。

光斑不仅出现在光球层上，色球层上也有它活动的场所。不过，出现在色球层上的不叫"光斑"，而叫"谱斑"。实际上，光斑与谱斑是同一个整体，只是因为它们的"住所"高度不同而已。

▲ 图3-14 日珥

当我们想用正规望远镜观察耀斑时，受到地球大气层的折光效果造成的太阳周围的炫目光焰的影响，使我们无法观察得到。但若碰到日全食，月球的干涉会消除那一层光焰，即使用肉眼也能看见。

日珥有两种：一是爆发日珥，一是宁静日珥。第一种从太阳上升起时，像巨大而翻滚的火浪；另一种却似乎静静地悬在上面，就像空中的浮云。

光谱的分析告诉我们这些日珥是由氢、钙以及少量其他元素构成的。它们之所以呈红色，是因为含有大量的氢元素。

进一步研究发现，日珥与布满在光球上的薄气层有关，这薄气层就叫作"色球"。因为它有和日珥一样的深红色，因此推断色球的构成元素与日珥的基本类似，主要成分也是氢。

对于太阳最外层的附属品，应该注意的还有由极其稀薄的气体组成的"日冕"，它从太阳展开的光线很长，有时竟超过了太阳的直径。

太阳风

人们很早以前就发现彗星的尾巴总是背向太阳，于是猜想它大概是从太阳"吹"出来的某种物质造成的。直到1958年，人类才通过人造卫星上的粒子探

▲ 图3-15 太阳风作用下的地球磁场艺术想象图

测器探测到了太阳上有微粒流射出。美国人帕克给它取名为"太阳风"。

太阳风是从太阳大气最外层的日冕向空间持续抛射出来的物质粒子流。这种物质粒子流是从日冕的冕洞中喷射出来的。

经过长期的观测，我们发现太阳风的主要成分是质子、电子和氦原子核。其中质子约占91%，氦原子核约占8%，此外还含有微量的电离氧、铁等元素。其密度则随时变化。

太阳风有两种。

一种是"宁静太阳风"，它持续不断地被辐射出来，速度较小，粒子含量也比较少，每立方厘米含质子数为1~10个。

另一种是"扰动太阳风"，它在太阳活动剧烈时辐射出来，速度比较大，粒子含量也比较多，每立方厘米含质子数约为几十个。它对地球的影响很大，当它抵达地球时，往往会引起很大的磁暴与强烈的极光，同时骚扰电离层，极大地干扰靠电离层反射传播的短波通信。

太阳的结构

现在我们回顾一下我们所知所见的太阳是什么样子的。

首先是我们永远见不到的、广大的内部。

我们肉眼所见的太阳表面是光球，但这不是真正的表面，只是球体光度最大的部分。气层上有一些斑驳的黑子，也会经常产生耀斑。

在光球的顶上有一层气体，叫作色球。

从红色的色球喷发出同样红的火焰是日珥。

包围全部的是日冕。

以上就是我们见到的太阳。

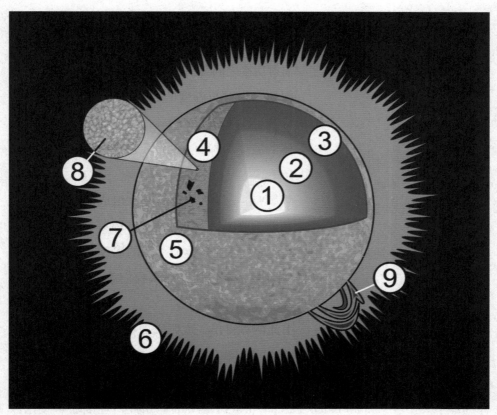

▲ 图3-16 太阳结构的图解：1. 核心；2. 辐射层；3. 对流层；4. 光球；5. 色球；6. 日冕；7. 黑子；8. 米粒；9. 日珥

那么太阳究竟是固体、液体，还是气体呢？或者是别的什么形态？

它自转的性质表明了看得见的表面不是固体，而它极高的温度也能证明它既不是固体也不是液体。许多年来，大家都相信太阳内部是一大团等离子体。根据物理理论，我们认为理想气体的状态方程仍然适用于太阳内部，所以我们也可以将其看作气体。

太阳让我们在1.4亿多千米外都能感受到炎炎夏日的威力，而且通过测算，作为太阳辐射直接来源的光球有6000℃以上的高温，太阳本身自然更热。

对太阳表面温度所做的不同测量都可以得到相同的结果。这些测试都遵循同一规则——辐射体温度与辐射功率之间是有确定关系的。

例如，辐射与温度的4次方成比例。这就是所谓斯特藩定律（Stefan's law），它告诉我们，如果辐射体的温度增加1倍，那么它辐射出的热量就要增大16倍。

假如有一层1厘米厚的冷水组成的球形壳，半径恰好等于地球到太阳的距离，恰好将太阳围在正中，在1分钟后就会增加上述的温度。既然这层壳已经将太阳完全包住，那么我们就已经在1分钟内获得太阳的全部辐射了。

由此测算得出，太阳表面每平方米都会不断地流出8.4万千瓦的能量。再依据辐射定律，我们就可以推算出太阳的温度。但实际上可以使用精巧的"太阳热量计"（pyrheliometer）来进行观测，史密森天体物理学天文台（Smithsonian Astrophysical Observatory）的各个分部已经使用许多年了。

我们不能看见光球以内的太阳内部，但我们完全可以预测到，越往深处，压力与温度越高。

早在1870年，美国物理学家莱恩（Lane）就已经计算过太阳内部的温度。他假定太阳内部各处都在一种平衡的状态中，每一点上物质的全部重量都完全被下面热气体的膨胀力所支持，问题就是算出内部要热到什么程度才可以使太阳不被自己的重量压碎。

20世纪30年代，关于太阳及星辰内部的理论成了英国的爱丁顿（Eddington）、詹姆斯（Jeans）、米尔恩（Milne）等人研究的重点。

爱丁顿计算出太阳中心的密度约为水的50倍，而温度约为3000万℃至4000万℃。米尔恩推算出来的太阳中心的密度与温度比这个数字还要大得多。按目前的太阳模型推算，太阳内核的气体被极度压缩，其中心密度是水的150倍，而温度约为1560万℃！

太阳的热源

太阳从它表面上每一平方米流出8.4万千瓦的能量。

我们知道太阳的直径是140万千米，很容易就可以算出它的表面积了。用这个巨大的数字再乘以8.4万，就可得到用千瓦表示的太阳不停散发的全部能量了。

当想到太阳已用与现在相同的强度照耀了5000万年的时候，我们就遇到一个重要而困难的问题了：这种辐射能量来源于哪里？一定得有新的能量供给不断地到达光球，才能有维持不断的辐射。那么，这种使太阳一天一天照耀了5000万年的，仿佛永不枯竭的内在供给的来源到底是什么呢？

根据能量守恒定律，能量不可能无中生有，它可以由一种形态变到另一种形态，可是宇宙间能量的总量是不可能增加的。除非太阳从外面不断地接收能量，否则它的储藏量一定会减少下去，直到能量完全耗尽。那时，太阳会逐渐暗下去，最终完全无光。可是太阳一百年又一百年地照耀下去，看起来光辉丝毫未减，这是怎么回事呢？

200多年以前，物理学家亥姆霍兹（Helmholtz）提出了太阳热的收缩学说。在一段时期内，这种学说被科学家们广泛认同。他的观点是：如果太阳半径每年收缩43米，就足够产生一年中由于辐射而失去的热量。根据此学说，太阳从前是更巨大更稀薄的，几百万年以后，它将会冷得不能再为地球上的生命提供光和热。

▲ 图3-17 太阳向地球辐射热量

　　这种收缩学说显示生物世界的末日只在很短的时期以后，至少按照天文学标准来说是很短的。

　　但在19世纪初，收缩说遇到了强烈的反驳——不论从多大的体积收缩到现在这样，太阳照现在这样的发光率，只要2000万年多一点儿就足以得到充分的热量了。于是收缩说就不能解释太阳在过去是如何维持辐射的了。

　　事实上，太阳收缩学没有确切的证明，因此这种理论就渐渐被人们遗忘了。

20世纪初，随着相对论以及核物理学的发展，人们认识到太阳和恒星的能源来自于核能的释放。光谱观测的结果表明，恒星内部氢的含量相当丰富，而氢又是很好的产能原料。当氢在高温和高压下聚变成氦时，会释放出巨大的核能，因此可以维持太阳或恒星向外辐射长达数十亿年之久。

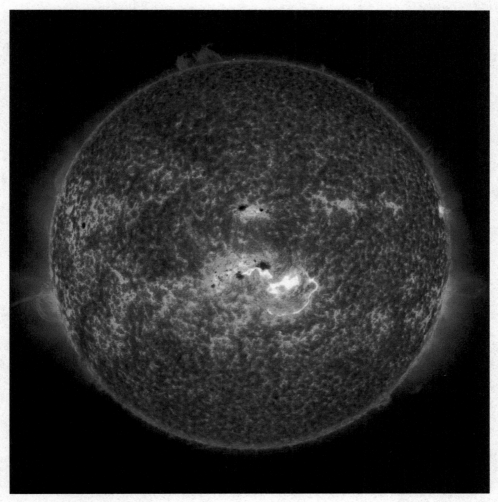

▲ **图3-18** 太阳的核聚变

1926年，英国剑桥大学著名的天文学教授阿瑟·爱丁顿（A. Eddington）爵士出版了一部关于恒星内部情况及其物理特性的著作——《恒星内部结构》。

他认为，太阳通过重力将物质拉向中心，把物质聚集在一起。由于太阳内部高温的气体产生的压力与重力方向相反，它将物体向外推出，这两个力互相平衡。当达到这个平衡点时，根据经典力学和热力学原理，我们可以算出恒星的中心温度将达到4000万℃左右。在这样的温度下，氢核会发生聚变，为太阳和恒星提供了强大的辐射能量。

但是爱丁顿的这一学说遭到了物理学家们的竭力反对。他们认为要真正实现这一聚变，温度应达到几百亿摄氏度。而4000万℃太低了，不足以克服原子核之间极其强大的电磁力而产生氢核聚变。

但是乌克兰核物理学家和宇宙学家乔治·伽莫夫（G. Gamow）认为，虽然镭核内的粒子受到核力的约束，但按照现代量子理论，它们并非不可能分裂出α粒子，尽管发生这种情况的概率很小。

镭核中的粒子被核力所束缚，就好像有一座堡垒从外边将它们包围一样，粒子的能量不足以越过这座堡垒而跑到外边去。根据量子力学，核内的粒子可以不从堡垒的上面越过去，而是在偶然间从穿过堡垒的一条隧道中通过，人们把这种现象形象地说成是"量子隧穿"。伽莫夫进一步指出，假如粒子能够由内向外穿过堡垒，那么粒子也应该能够由外向内穿过它而进入原子核内。

1929年，英国天文学家罗伯特·阿特金森（R. Atkinson）和德国核物理学家弗里茨·豪特曼斯（F. Houtermans）将伽莫夫的量子隧穿理论应用到恒星内部能量的问题上。他们认为：恒星内部的质子也可以通过"隧道"越过势垒很高的堡垒，接近到可以发生聚变的距离之内，进行核聚变而释放出巨大的能量。这样，就成功地实现了在较低温度下使氢聚变为氦来实现太阳的能量需求，由于这种反应是在数千万摄氏度下进行的，他们就把这种反应称为"热核反应"。

天文观测表明，太阳核心的物质处于等离子态，完全适合热核反应的物理条件。那么，太阳和恒星内部的氢是怎样聚变为氦的呢？

1938年，美国核物理学家汉斯·贝特（H. Bethe）和查理斯·克里奇菲尔德（C. L. Critchfield）发现了氢直接变为氦的反应机制，称为"质子—质子循环"。在这一反应中，1克氢将释放6700亿焦耳的核能，这些核能迅速转化为热能，并通过对流和辐射向太阳的外层空间输送出去。

贝特和德国的弗里德里希·冯·魏茨泽克（F. V. Wetabckor）各自独立地发现了由氢转变为氦的"碳循环"机制。现代天文观测表明，太阳的能量98%来源于质子—质子循环，2%来源于碳循环。

太阳的演化

现代的观测表明，太阳已有50亿年的历史。它是一个典型的中等质量恒星，正平稳地燃烧着自身的核储备，并把氢转变为氦。现在人们对恒星演化的知识逐渐完善，并勾勒出了太阳的生命历程。

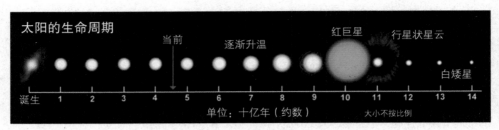

太阳的生命周期

当前　逐渐升温　红巨星　行星状星云

白矮星

诞生　1　2　3　4　5　6　7　8　9　10　11　12　13　14

单位：十亿年（约数）　　　大小不按比例

▲ **图3-19** 太阳的生命循环（未依照大小的比例绘制）

　　幼年阶段，原始星云在自身引力作用下不断收缩，密度不断增大，温度不断升高，历时数千万年形成原始太阳。

小知识：白矮星　红巨星　脉动变星

白矮星是一种小体积、大质量、低光度、高密度、高温度的恒星。因为它呈白色，看起了十分矮小，所以被命名为白矮星。

脉动变星是指由脉动引起亮度变化的恒星。这些变星亮度的变化，可能是由于恒星体内（自身的大气层）膨胀、收缩的周期性变化而引起的。恒星周期性膨胀与收缩，必然引起恒星半径周期性增大与减小，恒星的表面积也周期性增加与减少，温度和总辐射能量都发生变化，因而光度也周期性增大与减小，看起来它的亮度也周期性变亮与变暗。另外，其颜色，光谱型和视向速度，有时还有磁场，也都随之发生变化。

红巨星是恒星燃烧到后期所经历的一个较短的不稳定阶段，根据恒星质量的不同，历时只有数百万年不等，这与恒星几十亿年甚至上百亿年的稳定期相比是非常短暂的。红巨星时期的恒星表面温度相对很低，但极为明亮，因为它们的体积非常巨大。

　　青年阶段，太阳位于非常稳定的主星序节，按照观测得到的氢和氦的丰度估计，太阳还可以生存50亿年之久。今天的太阳正处在它的鼎盛时期。

中年阶段，约持续10亿年时间。当热核反应的燃烧圈接近太阳半径的一半时，将会难以支持太阳自身的巨大引力，中心将会塌缩。在塌缩过程中所释放的巨大能量使太阳的外部大幅度膨胀，这时的太阳体积很大、密度很小、表面亮度很强，演化为一颗红巨星。太阳直径将扩大到现在的250倍，连地球都将被吞没。

　　老年阶段，太阳转变为一颗脉动变星。最终由于内部核能耗尽，整体发生坍塌，内部被压缩成一个密度很高的核心，冷却后形成一颗白矮星，并长久地留在宇宙中。

第三节

地球

地球是行星之一，是我们的家园。

虽然跟宇宙中的大天体相比，甚至跟太阳系的大行星相比，它都只是微不足道的一员，可是它在自己的系统中却是最大的。

广义上讲，地球是一个物质的球体，直径约有1万多千米，由于其各部分的互相吸引而联成一体。我们都知道它并非严格的球形，它的赤道部分稍微鼓起来一些。因为表面不平，所以确定它准确的大小与形状比较困难，但人造卫星技术的发展帮助人们解决了这个难题。

关于地球形状及大小的结论可以概括如下：

极直径12713.6千米；

赤道直径12756.3千米；

由此可以算出赤道直径比极直径长42.7千米。

地球的内部

我们直接观察到的地球仅限于它的表面。对整个地球来说，人类在上面挖穿的最深处就像苹果皮之于苹果一样。

首先我们来研究地球的重量、压力、重力等问题。

我们试着研究一块1立方米的泥土，这是地球外层表面的一部分。这块泥土加在自己底下的重量也许是2.5吨。下面1立方米也有同样重量，因此加在自己底下的重量就是自身重量加上面1立方米的重量了。

这种压力随着我们深入地球而不断增加。内部的每一平方米都支撑着一直到表面的一平方米的柱形的压力，这样一直到中心。在这种不可思议的压力之下，地球中部的物质被高度压缩，那儿的物质也更重。

地球的平均密度被认为是水的5.52倍，但其表面密度却只有水的两三倍。

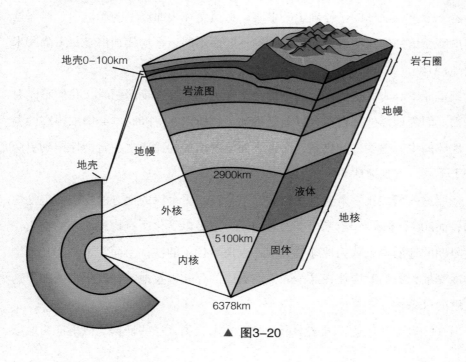

▲ 图3–20

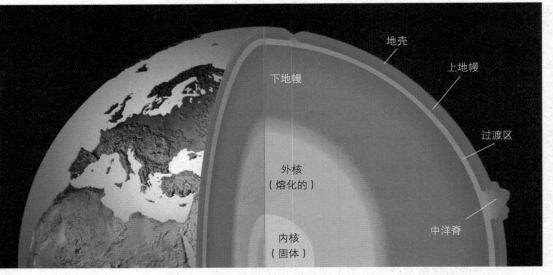

下地幔

地壳

上地幔

过渡区

外核
（熔化的）

中洋脊

内核
（固体）

▲ 图3–21

有一个关于地球的已经确定的事实，那就是在表面以下的矿坑中，愈深处温度愈高。增加的比率依地域与纬度的不同而不同，平均增加率是每下降30米约增高1℃。

到地球中心时，这种温度的增加会怎样呢？回答这个问题时，我们不能只看表面。因为地球外部在很久以前就冷却了，所以在下降时不会增加很高的温度。地球的中心温度一定更高，而近表面温度增加的比率也一定会保持到更深的若干千米，直到地球的内部。

依照这一增加比率来看，地球的20千米或25千米深的地方的物质一定是灼热的，而200千米或250千米以下的热度则一定足以熔化所有构成地壳的物质。这使早期的地质学家认为地球就如同一大块熔化了的铁，上面蒙了一层几千米厚的冷壳层，我们就居住在这个壳上。火山的存在以及地震的发生都增加了这种见解的可靠性。

但在19世纪20年代，天文学家与物理学家收集了一些证据，似乎证明地球从中心到表面都是固体，甚至比同样大的一块钢还坚硬。

这一学说是由开尔文爵士（Lord Kelvin）第一个提出的。他认为，如果地球是被一层壳包着的液体，月球的作用就不是吸起海洋的潮汐，而是将全地球向月球的方向拉起来，却不改变壳与水之间的相对位置。

同样可靠的证明是地球表面的纬度变迁。一个内部柔软的球体不仅不能像地球这样旋转，甚至硬度不如钢的球体也不能。

那么我们怎样调和这一固体性质与那不可思议的高温呢？看来只有一个可能的解决方法：地球内部的物质因巨大的压力而保持其为固体。

实验证明：强大的压力能提高物质的熔点，压力越大，熔点就越高。一块岩石到了熔点以后再施以重压，压力的结果使它又还原为固体。因此，增加温度的同时要考虑到压力的作用，就可以使地球中心物质保持固体形态了。

当然还可以通过一些实际的办法来获得证据，比如在地表人工制造一个震源（如炸弹），通过接受地下的回波来确定地下结构。

通过地震技术获得的资料表明，地球的内核与地壳为实体，而中间的外核与地幔层为流体。地核可能大多由铁构成，也可能是一些较轻的物质。地核中心的温度可能高达7200℃，比太阳表面还热；下地幔可能由硅、镁、氧和一些铁、钙、铝构成；上地幔大多由橄榄石、辉石、钙、铝构成；地壳主要由石英和类长石的其他硅酸盐构成。

地球的重力与密度

我们都知道一块铅比同样大的一块铁要重，而一块铁又比同样大的一块木头重。如果有方法确定地球内部深处1立方米有多重，我们就能确定全地球的实际重量了。

解决这个问题要靠物质的引力，依照牛顿万有引力的学说，将地面上所有的东西引向中心去的力量并不仅存在于地球的中心，而是构成地球的一切物质的共同努力。牛顿还把他的学说更推进一层，认为宇宙间一切物质都吸引着其他的物质，引力的大小随着两者之间距离的增加而减小。

　　由此说来，我们四周的物体都有自己的引力。那么我们能不能测出引力的大小呢？数学理论说明，同等密度的球体吸引其表面小物体的力量与其直径成比例。一个直径60厘米、密度跟地球一样的球体的引力只有地球重力的两千万分之一。

　　于是，聪明的卡文迪许用了一个极其巧妙的方法，测定出了万有引力的大小。

　　他用一根很细的石英丝来悬挂一根两端有两个等重铅球的轻质金属竿，然后在其中一个铅球旁边放上第三个铅球，通过石英丝扭曲的程度，就可以测出这两个铅球之间的引力了。这种精确的测量是异常困难的，所用的工具虽然简单，但是引力的大小还不及这两个小球重量的千万分之一呢！

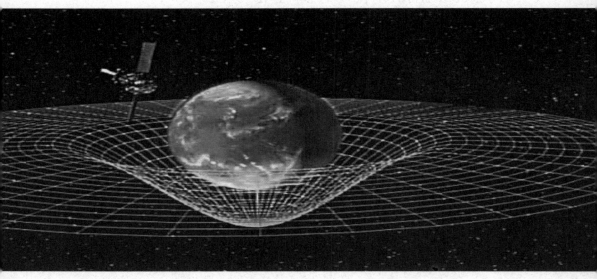

▲ 图3-22 地球引力场中的引力探测器

要找出一件重量不超过引力的东西非常困难，就连蚊子的一条腿所受到的重力也要大大超过测出的引力。假如把蚊子放在显微镜下，由专家进行手术，将它的触须切下一部分，这个重力大概可以和这两球之间的引力相比拟了。

赫尔（Heyl）在美国度量衡标准局所确定的万有引力常数是最精确的。

这种测量结果显示：地球的平均密度是水的5.52倍，比铁的密度稍微小一点儿，可是比正常石头的密度却大很多。由于地球外壳的平均密度仅是这一数值的一半，所以地球中心的物质被强大的压力压得紧密无比。

事实上，目前主流的理论认为，地核中心那种无比紧密的物质，很可能是大量致密的铁。我们可以把地球的中心想象成一个巨大的铁块。

纬度的变迁

我们知道，地球围绕着地轴旋转。想象自己正站在极的中心，在地上竖一根棍，那时我们就会随着地球每24小时绕这根棍旋转一周了。我们之所以能感知到这种运动，是因为我们能看到太阳星辰都由于周日运动而向反方向水平运行。

人类还发现了纬度的变迁，旋转的地轴与地球表面相交的那一点并不是固定的，而是在一个直径约18米的圆圈中做可变而不规则的曲线运动。如果能精确地找到北极上的极点，那么我们就会看到它每天移动10厘米、20厘米或30厘米，并且绕着一个中心点转，它有时离这个点近些，有时则远些。按照这个规则的路线运动下去，约14个月后就能绕成一个圆圈。

可是地球那么大，这小小的变动是如何被发现的呢？

利用天文观测，我们可以在任何一个夜间测定当地铅垂线与当日地球自转轴所成的精确角度。上述这种变迁最早是在1888年被德国的库斯特耐尔发现的，他从许多出于不同目的而观测的结果中得出了这个结论。

从此以后，这方面的观察就一直延续下来，目的是确定上述变迁的运动曲线。现在只知道这种变迁有些年份较大而有些年份较小，而且在七年之中一定有某一年北极点会画出一个比较大的圆圈，而三四年后它又会保持几乎数月不离中心。

地球自转时快时慢的不规则变化，同样可以在天文观测资料的分析中得到证实，这种变化的幅度约为1毫秒。

此外，地球自转的不规则变化还包括周期为近十年甚至数十年不等的所谓"十年尺度"变化和周期为2~7年的所谓"年际变化"。

十年尺度变化的幅度可以达到约3毫秒，引起这种变化的真正机制目前尚不清楚，其中最有可能的原因是地核与地幔间的互相作用。

年际变化的幅度为0.2~0.3毫秒，是十年尺度变化幅度的十分之一。这种年际变化与厄尔尼诺现象、赤道东太平洋海水温度的异常变化具有一定的一致性，因此可能与全球性的大气环流有关，但真正原因目前仍然是一个谜。

大气

无论从天文学还是从物理学的角度来说，大气都是地球最重要的附属品。我们的生活离不开大气，但它却是天文学家进行精密观测的巨大障碍。

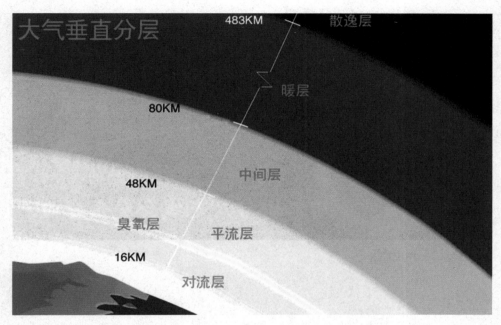

大气垂直分层

483KM 散逸层

暖层

80KM

48KM 中间层

臭氧层 平流层

16KM

对流层

▲ 图3-23 大气层图

  大气会吸收一些从中经过的光,因此会稍微改变天体的真实色彩,即使在极晴朗的夜空也不免使星星看起来比原来更暗淡。此外,它还会使从中经过的光弯曲,结果使星辰看起来都比离地平线的实际位置高了一些。

  从天顶直射下来的星光,离天顶愈远则折光愈大。在离天顶45度时,折光之差达到了一弧分。虽然肉眼发现不了这个曲折的程度,但在天文学家看来已经是很大的误差了。物体越靠近地平线,其折光率越大。在地平线上看见的天体由折光引起的误差已在半度以上,这比肉眼所看到的太阳和月球的直径还要大。

  因此,当日出日落的时候,我们在地平线上看到的太阳实际在地平线以下,我们看得见它只是折光的缘故。

  地平面附近折光率增大的另一个有趣的结果就是太阳看起来要扁一些,它的垂直直径比水平直径看起来短,这是因为太阳的下半部较上半部受到的折光

太阳的视位置

地平线

地球

太阳的实际位置

如果介质不均匀，光线会发生弯曲。

▲ 图3-24 大气折射图

率更大。

当太阳在热带晴朗的天空中消失在海平面时，我们可以看到一种在温带浓厚的空气中很难见到的美丽景观。

由于大气对各色光线有不同的折射率，它也像一片三棱镜一样按不同的角度折射不同的光线，按照红、橙、黄、绿、蓝、靛、紫的顺序逐渐增大折射的角度。结果，当太阳在海平面上消失的时候，最后的一道光线也按同样的顺序逐渐消失。太阳消失前两三秒钟，它残留可见的边缘会迅速地改变颜色，并且越来越暗。我们最后见到的是转瞬即逝的一道绿色的闪光。至于波长更短、折射更大的蓝光、紫光，则在到达我们眼睛之前就被大气散射和吸收了。

月球

▲ 图3-25 从地球的北半球看见的刚过满月的月球

各种测量结果一致表明：月球到地球的平均距离约38.6万千米。得到这一数据的方法是直接测量视差或计算月球绕地球的运行轨道。因为这条轨道是椭圆形的，所以它的实际距离常常会不同，有时它比平均距离少1.6万千米或2.4万千米，有时却又多出这个数目。

月球的直径比地球直径的1/4略大一点儿，准确地说是3476千米。最精密的测量也没有发现它不是球形，只不过它的表面有些不规则罢了。

月球的公转与月相

小知识：月相

月相是指天文学中对地球上看到的月球被太阳照明部分的称呼。月球绕地球运动，使太阳、地球、月球三者的相对位置在一个月中有规律地变动。因为月球本身不发光，且不透明，月球可见发亮部分是反射太阳光的部分。只有月球直接被太阳照射的部分才能反射太阳光。

月球陪着地球绕日运行。你可能觉得这两种运动的联合有些复杂，但其实并不难明白。我们可以想象一下，在急行的火车车厢中放一把椅子，一个人离椅子一米远绕着椅子转，他相对椅子的距离一直不改变，而他的运动与火车的运动毫无关系。就像这样，地球在自己的轨道中向前运行，月球不停地绕着它转，而相对地球的距离并无多大改变。

月球绕地球一周实际所需的时间是27日8小时，但从一个新月（朔）到另一新月所经历的时间却是29日13小时。这是因为地球同时也绕着太阳运行，因此月球要回到太阳与地球之间的位置上就必须再多用一些时间。这就需要两天多一点儿的时间，于是两个新月之间的时间就成了29.5天。

月球的不同位相是随它相对太阳的位置而定

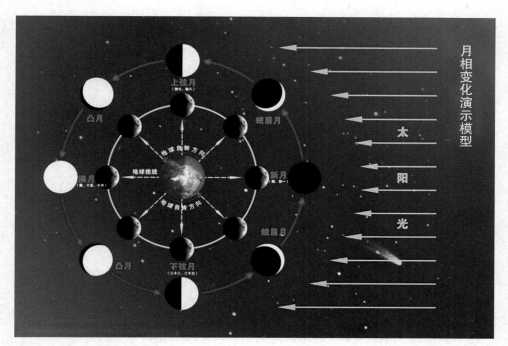

▲ 图3-26 月球位相图

  的。因为它不能自己发光，所以我们只有在太阳照到它的时候才能看见它。

  它在太阳与地球之间的时候，黑暗的一半对着我们，我们就无法看见它。历书中称之为"新月（朔）"，但我们平常在新月的后两日还是不能看见月球，因为它还在黄昏的暮霭中。在第二天或第三天的时候，我们才能看到这球形被照亮的一小部分，形状正是我们所熟悉的一弯蛾眉。蛾眉月有时也被叫作新月，虽然历书中的新月期要更早几天。

  几天之后，我们就可以看到月球的全貌了——黑暗部分发着淡淡的光，这是从地球上反射去的光。假如有人在月球上居住，他会看见在月球的天空上，地球像一轮将圆的蓝色满月，实际上要比我们所见的月球大得多。

  月球沿着它的轨道一天天前进，这种地光就一天天减少。约在上弦时，地光消失，一方面是因为月球上有光的部分逐渐增加光强，另一方面是因为地球的光减弱了，下弦时亦如此。

历书中的新月（朔）后七八天，月球就到了上弦期，月球明亮的部分占了一半。以后的一星期内，月球被叫作"凸月"。

在新月后第二星期的末尾（望），月球与太阳相对，我们就可以见到宛如明亮玉盘的月球，被称为满月。

之后，月球的位相则会反转并还原。

月球的表面

我们用肉眼可以看出月球表面上有不同的明暗区域。暗的地方常被人看成一个人的面孔，尤其是鼻子与眼睛更加明显，这就是所谓"月中人"。

就算用最小的望远镜，我们也可以看出月面上有复杂的地形。在望远镜中见到的第一件东西就是那些隆起物，就像地球上的山。这些最好在上下弦月时看，因为日出或日落照出的长影使那些突起处显得更加清晰。反倒是满月时不易看清，因为太阳几乎直射在上面，把一切都照亮了。

虽然通常把这些隆起的地方叫作山，但它们跟普通的山的形状大多不同，与地球上大火山的喷口倒更类似些。这些山通常像一座圆形碉堡，直径有若干千米，周围的墙也有近一千米高，而中间则相当平坦，因此我们称之为环形山。

许多环形山的中央，有一个或更多的山峰拔地而起。在上弦月时，我们可以看到这些围墙以及中央山峰的影子投在内部平地上。

早期的观测者在用望远镜观察月球后，猜测其中黑暗的部分是海，而明亮的部分是陆地，因为黑暗的部分看起来更平坦。后来这些假想的海洋都有了名

▲ 图3-27 月球正面

称，现在仍用这些名称来称呼月球上的黑暗部分。

但是如果使用稍稍改良过的望远镜观察，就会发现认为这些黑暗区为海洋的想法是错误的。形状的不同只是由于月面物影的明暗，而月海只是月球上地势比较低洼的平原而已。

自从有了探月卫星和人类登月计划，我们就可以仔细观察月球上的大小石

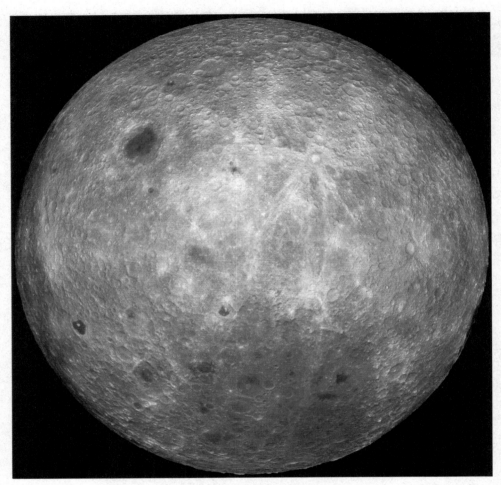

▲ 图3-28 月球背面，和正面的不同之处在于缺少黑暗的月海

块和著名的环形山了。现在我们已经知道，覆盖月球表面达16%的月海地形是由火山喷出的炽热熔岩冲蚀出的，而其余大部分表面则被灰土层尘埃与流星撞击的石头碎片覆盖。

月球上最值得注意的景物之一是从某些点上发射出的一些明亮的光线，使用一般的望远镜就可以看出其中最显眼的。在月球南极附近，第谷（Tycho）

▲ 图3-29 在月球背面的代达罗斯坑

环形山旁，就有许多美丽的发射光线的中心点，看上去好像月球被敲破了，而缝隙中充满了熔化了的白色物质。因此有人断言当年月球是大火山的施威场所，而今都烟消云散了。但这些线状辐射纹的成因尚无定论，也有人认为是陨石轰击月面造成的。

▲ 图3-30 人类第一次登月

　　常有人问月球上是否有空气或水。早在人类登上月球之前，科学家就给出了否定的答案。假如月球上的大气能有地球上大气密度的百分之一，我们就可以通过星光从月面掠过时的折射发现其存在，可是没有一点儿这样的折光迹象。假如月球上有水，就一定会在凹处或在低处流着。假如在赤道区有这样一片水域，就一定会反射太阳光，会很明显地被我们看见。后来的月球探测器和登上月球的宇航员也证实了科学家的答案。

　　那么月球上是否有生命的存在呢？地球上的所有生命都需要用空气和水来维持，但月球上没有水和空气。可以确信，月面上除了会被新的太空陨石撞击之外，将永远不会有其他变化。

地球上的石头会受气候的影响，在风和水的常年作用下，石头会被冲散，最后变成沙子和土壤——即所谓的风化。可是月面上并无气候变化，一块石头躺在上面可以历经千万年而不受一点儿损害。

　　太阳照耀时，月面极热；而日落之后，又变得非常冷——因为没有大气层来保持温度。日落之后，这种温度的变化会在非常短的时间内完成。除了这种温度的变化以及流星的撞击以外，整个月面是绝对平静的。

　　一个没有风雨、没有四季更替，除了偶尔落下的流星之外没有任何变化的死寂世界——这就是月球。

月球的自转

　　月球是否绕轴自转这个问题在古代曾经引起过许多争论，因此我们要解释一下。

　　大家都知道月球永远以同一面对着我们，这说明它的自转周期跟它绕地球公转的周期是一致的。因此有人认为它根本不旋转，这是因为对运动概念的理解不同而得出的结论。

　　在物理学中，我们这样判断一个物体是否旋转：用一根直线通过物体内部除转轴外的任何方向，如果这根

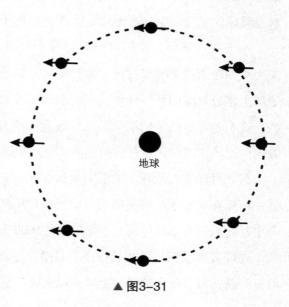

地球

▲ 图3-31

直线永远不改变方向，那么我们就说这个物体不旋转。

我们假设有这样一根线通过月球，如果月球不自转，无论月球在绕地球轨道中的哪一点上（如图3-31），这根线都不会改变方向。仔细研究这幅图就可以知道：如果月球不自转，我们就一定会看到它全表面的各个部分。

月球如何引起潮汐

住在海边的人都特别熟悉海潮的涨落。总体说来，海潮的涨落规律与月球的周日视运动相符，涨潮恰巧发生在月球经过当地子午圈后45分钟。这就是说，如果今天月球在天空某处时，海潮涨起；当月球再一次到那处时，一定又会涨潮，此地的潮汐规律就是这样。

这很容易理解，月球用它加在海洋上的引力造成了潮汐的变化。月球在任意地方的上空时，都会吸引当地的水。难懂的只是一天有两次潮，涨潮不仅在对着月球的这边发生，连地球那边背对着月球的地方也会发生。

关于这一问题，我们可以先温习一下刚才提过的关于引力的知识。引力的大小和距离的平方成反比，离月球越远的地方，受到的引力就越小。所以，地球上靠近月球的那一面所受到的引力比较大，而背面受到的引力相对要小一些。这个差异所产生的结果，就好像有一种力量将地球拉扁了一样，而这扁的方向，就是正对和背对月球的方向，也就是潮汐了。

假如月球加在地球上的引力永远在同一方向，几天之后，两者就要"砰"的一声撞在一起了。可是因为月球绕地球旋转，引力的方向永远在改变，所以一个月内也只将地球拉离其平均位置约5000千米。

也许有人会想，既然月球会引起潮汐，那么是不是总是当月球在子午圈上时有高潮，而月球在地平线上时有低潮呢？事实并非如此。

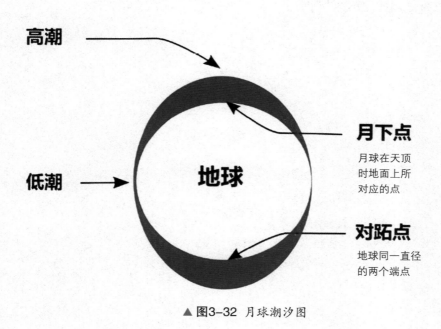

月球

高潮

低潮

地球

月下点
月球在天顶
时地面上所
对应的点

对跖点
地球同一直径
的两个端点

▲ 图3-32 月球潮汐图

　　首先，地球所拥有的无比巨大的水体所造成的强大惯性，会使潮汐相对月球位置的变化有一个延迟现象。潮汐运动在月球离开子午圈后还要继续下去，这正像一块被向上抛的石子离开手后还向上冲一样，波浪也被水的动力推向高于水平面的岸上。

　　另一个原因是大陆的隔断，海潮遇上大陆会因受阻而改变方向，但由一点转向另一点又需要一定时间。因此我们比较各地潮汐时就会发现其并不规律了，但是通常这个延迟的时间等于我们刚才提到过的45分钟。

太阳也同月球一样会引起潮汐，但作用比较小。

值得一提的是，新月和满月时，这两者在一条线上合力吸引，因此有最高潮和最低潮。这些是所有住在海滨的人都熟悉的，他们称其为"大潮"；在上弦和下弦时，太阳的引力抵消了月球的部分引力，因此潮既不涨得极高也不落得极低，这就叫作"小潮"了。

第五节

月食

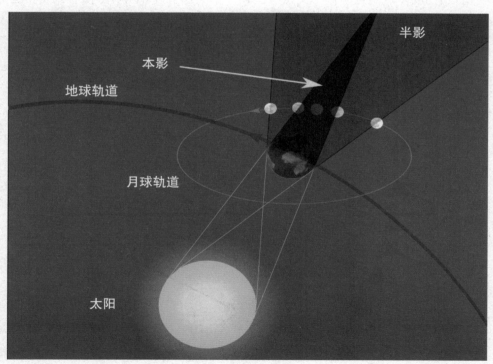

▲ 图3-33　地球遮挡了太阳的直射光线，导致月食出现。在本影区，直射阳光全部被地球遮挡，无法照到月球上出现月全食；在半影区，则仅有部分阳光被遮挡，出现月偏食或半影月食

月食是月球进入地球的阴影中，日食则是因为月球在太阳与地球之间经过。接下来我们就要说明这些现象中的最有趣的几方面以及其发生的规律。

为什么不是每次满月都有月食呢？

地球的阴影永远在背对着太阳的一面，但当月球在满月时有时在阴影上经过，有时在阴影下经过，因此不会被蚀。这是因为月球的轨道面对黄道平面约有5度的倾斜，地球却正在黄道平面上运行，而其阴影的中心也正投在那儿。再回到从前的假设，把黄道在天球上画出来，再进一步把月球在天球上运行的轨道（白道）也画出来，就会发现月球的轨道与太阳轨道在相对的两点相交，其交角只有5度。这两点叫作"交点"。在一个交点上月球从黄道南移到了黄道北，这一点叫作"升交点"。在另一点上月球则是由黄道北向南移到黄道南，

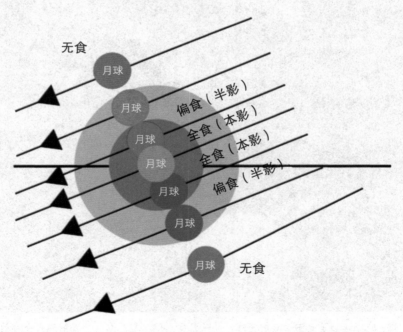

▲ 图3-34 月球进入地球的本影区和半影区时会产生不同类型的月食

这一点叫作"降交点"。

因为太阳比地球大，地球的阴影（指本影）呈一个锥顶伸向远处的圆锥体。在地球身后地月距离处（即正对地球身后的月球轨道处），锥体阴影的截面直径约有地球直径的3/4，约9600千米。又因为阴影中心在黄道平面上，在地球正身后的月球轨道处，所以阴影就只能在黄道面上下各遮掩约4800千米。而在两交点之间，月球轨道偏离黄道面最远的两点与黄道平面的距离约为地月距离的1/12，约有32000千米。所以只有月球到了两交点附近，同时又正好处于地球身后时，才能进入地球的阴影区。

食季

连接太阳、地球的这根线会随着地球绕太阳的运行而改变方向，因此它在一年之内两次经过黄白交点。太阳经过其中一个交点时，地球的阴影就经过另一个交点。日食或月食一年只能发生约两次（隔6个月一次）。

这种"食季"约长1个月。这就是说，从太阳离交点近得足以发生月食开始，到因离得太远而不能发生月食为止，约有1个月。

假如黄白交点在黄道上的位置是固定的，月食就只能在固定的两个月份之内发生了。可是，因为太阳对地球和月球的引力，交点的位置不断地逆着地月运动的方向而变动。每一个交点约在18年7个月内绕天球西向旋转一周，也在同样的周期中食季倒转一年。平均说来，每年较上一年提早约19天。

月食的景象

如果我们在一次月食开始时就守候着月球，就会看到它东面的边沿渐渐暗淡起来，直到完全消失。月球向前进，月面就被吞进阴影，黑暗的部分也随之逐渐增加。可是如果我们非常细心地注视，就会看到被阴影笼罩的部分并未完全消失，而发出一种极弱的光。

如果月球全部进入阴影中，就是全食；如只有一部分进入阴影中，就是偏食。

全食时，那始终照在月面上的微弱亮光更清楚可见，因为这时它不可能被其他明亮的部分所干扰。这种暗红色的光是由地球大气折射引起的。那些刚擦过地球边的或在离地球表面不远处经过的太阳光线，都被折射而投在阴影中，接着又投射在月面上。这光的红色和落日的红色都是由于浓厚的大气吸收了波长较短的绿色和蓝色光线，却让波长较长的红色光线透过所造成的。

每年要发生两三次月食，几乎总有一次是全食。我们完全可以想象出，月食时，在月球上的观测者会看见地球所造成的日食。在月球上，地球的目视大小比我们所见的月球要大，其直径会比太阳的直径还大出三四倍。

起初，因为耀眼的太阳光，这么大的物体接近太阳时是看不见的。当地球差不多全部遮住太阳或太阳光完全消失时，就会看到：一个明亮的红光环圈住一个黑暗的球状物——地球。这是因为周围有一圈由地球大气折光而产生的红光。

月食的情形跟日食的情形大不相同。月光下的全半球可以同时看见月食。在月球升起、已经蚀去的情形下，我们会看到一个奇特的现象：蚀去的月球和黄昏的太阳同时出现在东、西地平线上。这看起来似乎和我们所说的太阳、地球、月球成一直线的说法相矛盾，但这一现象实际上是因为其中之一在地平线下，由于地球大气层的折射，才使我们可以同时看见。

▲ 图3-35 月食的景象

日食

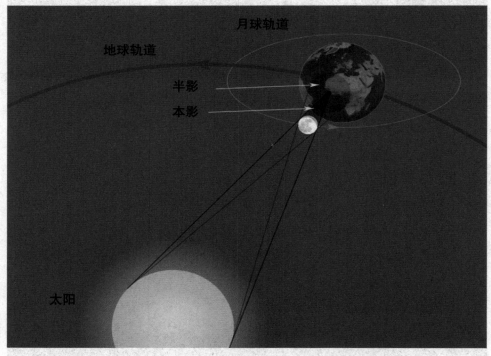

▲ **图3-36** 日食发生时太阳、月球和地球的位置（不依照实际比例）

假如月球恰好在黄道平面上运行，每次新月的时候，就会在太阳面上经过。可是由于它的轨道是偏斜的，所以只有在太阳正好接近黄白交点之一时，才可能出现这种情况。那时在地球上的某些地方，就可以看到日食了。

假如月球从太阳面上经过，第一个问题就是它能不能遮住整个太阳。这不仅是这两个天体的真实大小问题，也和我们的视觉有关。我们知道太阳直径比月球直径大约400倍，但它也比月球与我们的距离远了约400倍。这样就使两个实际上完全不一样大的天体，看起来差不多大。

▲ 图3-37　1999年的日全食

▲ **图3-38** 2012年5月20日的日环食

▲ **图3-39** 2014年10月23日的日偏食

这样说来，月球可以完全遮住太阳，但由于月球的轨道并非完全是圆的，所以有时月球仿佛大些，有时又仿佛小些。在这一情形下，月球又不能完全遮住太阳了。

月食与日食之间的最大差异是：月食在任何看得见月球的地方的情形都一样，而日食因观测者位置的不同而有所不同。

最有趣的日食是月球中心恰好遮住太阳中心，这叫作"中心食"。要看中心食，观测者必须在连贯日月中心直线所达的地方。那时若月球的视界比太阳的大，就会全部遮住太阳，这种食就是"全食"；若太阳那时看来大些，在中心食时就有一圈太阳光环绕住中间的月球，这种食叫作"环食"。

连接日月中心的直线从地球表面掠过，我们可以在地图上画出它的路径来。这种表明日食的区域和路线的地图曾经在航海历书中出现。在中心线扫过的路径南北附近地区，也可以见到全食或环食，但绝不可能在160千米以外。在这个界限外的观测者只能见到偏食，而在更远的地区，就根本看不到日食。

美丽的日全食

全食是大自然赐给人类的一个动人美景。要充分欣赏其魅力，最好是站在高地上，尤其是在月球来的那一边，离得愈远愈好。

第一个表示非常事件发生的信号在太阳圆面上。历书中有关于这一时刻的预报：太阳西部的边缘上有一个小小的缺口，它一分钟一分钟地增大，仿佛太阳渐渐被蚀去了。有些民族认为这是有龙在吞噬太阳，这也不足为奇。

在一段时间内，也许在一小时以内，所见到的只有月球黑影在不断地扩展，不停地侵蚀太阳面上的地盘。如果这时观测者正站在一棵大树旁边，太阳光从树叶间的小缝隙射到地面上，还可见到一种有趣的情形——这时地上的太阳投影都会有缺口。

不久，太阳就变得像新月一样，但这"新月"不但不长大，反而不断缩小直到使太阳只剩下一点儿碎片了。

若光点从月面的凹处透出来，这时的太阳看起来很像一枚镶了几颗耀眼钻石的戒指。这种美丽的景象就叫"贝丽珠"，它只会持续一两秒钟的时间。

现在我们可以看到这个奇观了——原来的白昼，因为日光的消逝而状若黎明，在离太阳稍远的天空中竟出现了漫天的繁星。原本太阳应该在正中天，可天上却只有极黑的月球，其周围有一圈灿烂的光辉，这就是"日冕"。

▲ 图3-40 2009年7月22日的日全食，图中可见到钻石环

▲ 图3-41 1999年法国发生的日全食，图中右上方的亮点就是贝丽珠

用倍率低的望远镜观看日冕比用肉眼看更有趣。用大望远镜只能见到日冕的一部分，无法看到最美的部分。一副廉价的放大10倍或12倍的小望远镜却能看见完美的日冕和日珥，仿佛从黑月球上喷射出来的奇形怪状的红云在各处盘旋起落。

正当我们沉醉于这迷人景象的时候，太阳的另一边突然出现了一些美丽的光点（月面经过了太阳），从另一边透出了美丽的贝丽珠。之后，这些光点又开始扩大，渐渐连成了一个新月形，月球正一点一点地退还占领的领地，周围的繁星渐渐隐去。当最后的一个小缺口也复原的时候，日食完全结束，世界重返光明。

古代日食

有一点值得注意，古人虽然对日食很熟悉，了解其原因，甚至能推测出其周期，但是在古代历史记录中却很少出现日食现象的真实记载。

中国古史中有时会记载某时某地发现日食，但并未详细记录其特点。后来，在亚述古文件中发现了一段日食记载，说是公元前763年6月15日，日食见于尼尼微。我们的天文年表也证明那时确有日全食，阴影经过尼尼微以北约160千米。

也许最有名且最引发争论的一次古代日食就是泰勒斯日食，其主要历史依据是希罗多德（Herodotus，古希腊史家）的记载。

据说当吕底亚人与米堤亚人正在打仗的时候，白昼忽然变为黑夜。两军因此息战而促成了和平。又说泰勒斯（Thales，古希腊哲人）曾向希腊人预言过白昼将变为黑夜，甚至指出了会发生在哪一年。

我们的天文年表中也证明公元前585年的确有一次日全食，时间离那次战争最近。但根据我们知道的阴影路径，却发现只有在日落之后才能到他们的战场上。所以直到现在，这件事情的真伪还有待研究。

食的预测

古代人就已经知道了食的出现有一定的规律，日月都在约6585日8小时，或者说18年11日的周期之后，再回到交点及近地点的位置上。这一时期叫"沙罗周期"（Saros）。各种食都在沙罗周期之后再次出现。

可是食再现时，看得见食的区域却改变了，这是因为周期中多了8小时。在这8小时中，地球又绕轴自转了1/3，太阳下的区域与之前的不同了。每次食所在的区域都较之前移动了1/3的路程，只有在三次重演以后才差不多回到原地。但同时月球的运行轨迹又有了变动，因此阴影会比以前南移或北移。

全世界大约每三年可见两次日全食，但对于某一特定地区来说，平均300年才可以见到一次日全食。在20世纪的数次重演中，全食时段一次次加长。在1937年、1955年、1973年，全食时间均超过7分钟。日全食期间最长限度是7分半钟。

日冕

日全食时，最美丽的部分是日冕，它是由极其稀薄的气体组成的，只有在日全食时才能见到。当真正的全食出现时，太阳周围的这种珠光就突然出现，而全食时段一过就突然消隐。

从照片中看到这种日冕有错综复杂的结构，其形状却按太阳黑子数目的增减而变化。

太阳黑子高峰期时，日冕在太阳各方向的范围都差不多大。这时可把它比作一朵天竺牡丹，向盘外各方向展开花瓣。其他特点就是暗弱的流光以及红色日珥之上的精致拱门。

接近太阳黑子数量最少时，日冕是从两极地方出现的短穗，并向赤道弯曲。这使我们想起磁石附近铁屑所显现的花样。有时长的流光由赤道部分展开，状如鸟之双翼。

作为美景，日冕算是天界奇观中最佳的了，但它对天文学的贡献却不大。在过去一百年中，所拍的全食的精美照片已足够我们长期研究了，而研究结果也只是报答了我们的日食观测团所用的时间、精力与金钱。日冕是否能带来更重要的信息，还未可知。

▲ 图3-42 日全食日冕

第 4 章

行星及其卫星

行星的轨道及其各种情形

读者们，从现在开始，我们就要进入最精彩的宇宙大揭秘阶段！我们总是听说八大行星和卫星，却始终不知道它们到底是什么，接下来就要给大家讲一讲行星及其卫星。

严格来说，行星绕其中央恒星运行的轨道是椭圆形或略扁的圆形。但这种扁的程度十分小，如果不测量的话，我们根本看不出来。

太阳并不是椭圆的中心，而是在椭圆的一个焦点上，有时焦点离中心远得可以立刻用肉眼看见。根据这个距离就可以量出椭圆的偏心率，这比扁的程度要大得多。

> **小知识：偏心率**
>
> 偏心率是用来描述轨道形状的，即椭圆两焦点间的距离和长轴的比值。长椭圆的轨道的偏心率大，而近于正圆的轨道的偏心率小。

例如，水星的轨道偏心率很大，但其扁的程度却只有0.02。如果我们用50来代表其轨道的长轴，其短轴就是49，而就相同比例而言，太阳离这个轨道中心却已经是10了。

为了证明这一点，我们还画了一幅太阳系天体

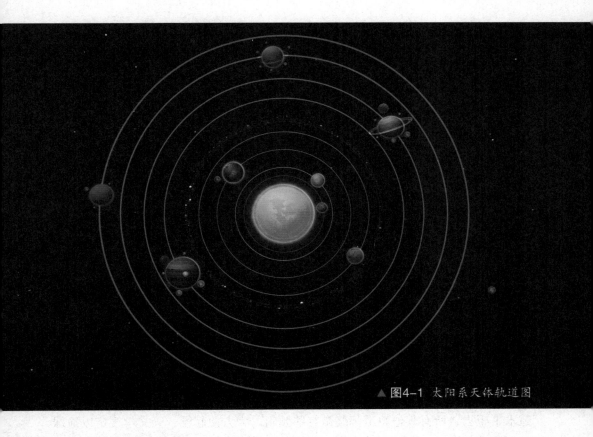

▲ 图4-1 太阳系天体轨道图

的轨道图，大致准确地表示了轨道的形状与相对的位置。

为了更清楚地解释这些行星的运动，我们先为小读者们解释一些专业的术语：

"内行星"，是指那些轨道在地球轨道之内的行星。这一类行星中只有水星和金星。

"外行星"，是指那些轨道在地球轨道之外的行星。这一类有火星、小行星以及外层的四大行星。

当一颗行星从太阳经过，仿佛与太阳相并而在同一方向时，叫作"与太阳相合"。

"下合"，是指行星在太阳与我们之间的合。

"上合"，是指太阳在行星与我们之间的合。

外行星绝不会有下合，但内行星却既可以下合又可以上合。

当一颗行星在与太阳相反的方向，或者说，我们在行星与太阳之间的时候，叫作"冲"。那时行星在太阳升起的时候落下，在太阳落下的时候升起。内行星也绝不会有"冲"的现象。

轨道的"近日点"是离太阳最近的一点；"远日点"是离太阳最远的一点。

当内行星（水星、金星）绕着太阳旋转的时候，在我们看来好像是由太阳的一边到另一边。它们对太阳的眼见距离无论何时都叫它们的"距角"。

水星的最大距角是25°，时多时少，因为它的轨道偏心率较大。金星的最大距角约是45°。

这两颗星星绝对不能远离太阳，所以在黄昏的东天或黎明的西天所看到的行星绝不可能是它们。

任意两颗行星的轨道都不在同一平面上。也就是说，如果我们沿着一条轨道水平望去，所有其他轨道都略微有些倾斜。为方便起见，天文学规定以地球轨道平面（或黄道平面）为水平标准。既然每一条轨道都以太阳为中心点，那么就各有两点在地球轨道水平面上。这就是其轨道与黄道平面相交的两点，叫作"交点"。

轨道与黄道平面的夹角被称为"轨道交角"。水星轨道交角最大，约有7°。金星轨道交角约3° 24′。外行星的轨道交角都较小，约从天王星的46′到土星的2° 30′。

行星的距离

除了海王星，行星之间的距离很默契地符合一条所谓的"提丢斯—波德定律"。

定律的名称就是由两个人的名字组成。定律内容是取0，3，6，12，24……等数，（从第2个数往后）后一个数是前一个数的2倍，然后再在各数上加4，于是就得到了行星的大致距离了。

水星	0+4=4	实际距离	4
金星	3+4=7	实际距离	7
地球	6+4=10	实际距离	10
火星	12+4=16	实际距离	15
小行星	24+4=28	实际距离	20~40
木星	48+4=52	实际距离	52
土星	96+4=100	实际距离	95
天王星	192+4=196	实际距离	192
海王星	384+4=388	实际距离	301

开普勒定律

行星在轨道中的运动符合开普勒（Kepler）发现的一条规律，因此这条定律叫"开普勒定律"。

这定律的第一条就是我们刚刚提到的行星轨道是椭圆形的，太阳在其焦点上。

第二条定律是行星离太阳越近，运行越快。

第三条定律是行星距太阳平均距离的立方与其公转周期的平方成正比。

水星

现在，我们要依照距太阳远近的次序，讲述我们所知道的大行星的一些知识。首先，我们从离太阳最近且八大行星中最小的一颗——水星讲起。

水星的直径只比月亮的大50%，由于体积与其直径的立方成比例，因此它比月亮的体积大3倍多。

水星在大行星中是轨道偏心率最大的一颗，在近日点上，它距太阳不到4700万千米；在远日点上，其距离竟大于6900万千米。它绕日的公转周期不到3个月，为88日，因此它在一年当中绕日运行4次有余。

为了表示水星的视运动规律，假设图4-2中的内圆代表水星轨道，外圆代表地球轨道。当地球在E点、水星在M点时，水星正与太阳在下合点上。3个月之后，它又回到了M点，这时却并无下合，这是因为地球也在轨道中运行。当地球到达F点、水星到了N点时，又有了下合。这种周期运动叫作行星的"会合周"。水星的会合周期比实际公转周期多出不到1/3，也就是说，MN弧略小于圆周的1/3。

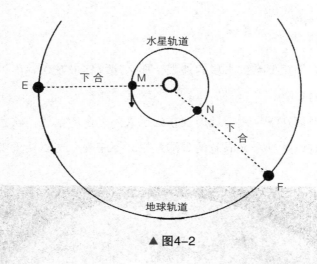

▲ 图4-2

我们再假设，在图4-3中，地球在E点，水星不在M点，却几乎到了最高处A点上。这时，从地球的角度看来，它在离太阳实际距离最远的一点上。如果水星在太阳东边，就会在太阳之后沉没。在相反方向的C点附近时，就到了太阳西边。所以，把水星当作黄昏时候的星辰来看，最好在春季观测；当作早晨的星辰来看，最好在秋季观测。

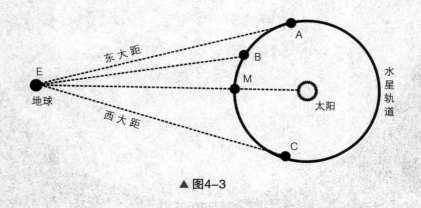

▲ 图4-3

水星的外观

如果小读者们想要看到水星的外观，那么建议你最好在春季暖和的傍晚，或者秋天清凉的黎明。

因为如果我们在下午用望远镜观察处于太阳之东的水星，就会被太阳强烈的光线搅乱，难以达到令人满意的观测效果。下午晚一些就便于观测了。而到

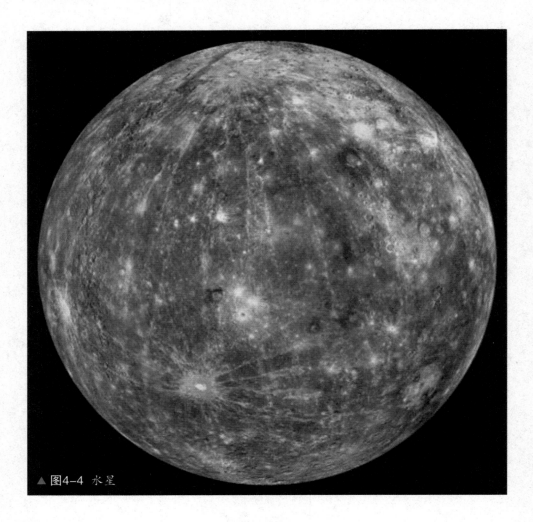

▲ 图4-4 水星

了日落之后，它又处在不断增厚的大气之中，越来越模糊。正因为种种不利的因素，水星成了很难顺利观测的行星。

在过去很长一段时间内，几乎所有的观测者都认为水星的自转周期是无法确定的。还有人得出了水星常年毫无变化的结论，并且一直以同一面对着太阳的。但到了1965年，当时最先进的多普勒雷达表明，以上观点都是错误的。

水星对太阳的位置常有变化，它像月亮一样，也有圆缺的位相变化。

我们能看到被太阳照耀的那半球，看不到背向太阳的黑暗面。当水星上合时（太阳在地球与水星之间），明半球完全对着我们，水星的表面犹如满月般的圆盘。随后，它移向下合，向着我们的暗半球部分就越来越多，明半球部分越来越少。到了下合的时候，暗半球完全对着我们。在经过黑暗的下合期之后，水星又重新成了一轮"满月"。

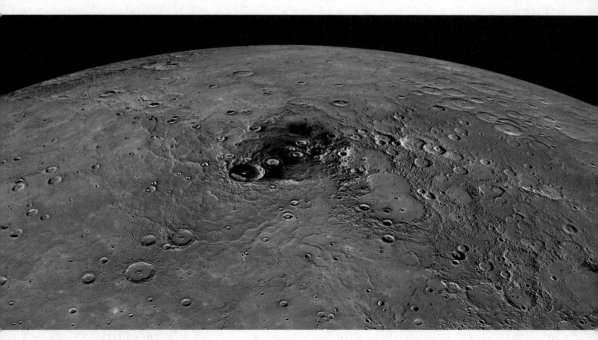

▲ 图4-5 美国航空航天局确认，在水星北极的永久阴暗坑洞内，发现隐藏着大量冻冰

长久以来，人们都认为水星上没有大气，因为我们根本观测不到其对日光的折射效果。但现在的研究表明，水星拥有稀薄得几乎不存在的大气层，由太阳风带来的原子构成。水星上的温度被太阳烤得极高，导致这些原子迅速地逃逸到太空中。于是，与地球和金星上稳定的大气相比，水星的大气频繁地被补充和替换。

水星凌日

想象一下，假如内行星和地球在同一平面上绕着太阳运行，那么每次下合时我们都能看到其从太阳表面经过。但事情并非这么简单，因为两颗行星并不在同一个平面上运行。

在所有的大行星中，水星轨道对地球轨道的偏斜最大，因此我们常常看到它在南边或北边与太阳擦肩而过。如果它在下合时正好接近了地球与水星轨道的一个交点，我们就可以从望远镜中看到一粒黑点从太阳表面经过。这种现象叫作"水星凌日"，其相隔时间从3年到13年不等。

由于这种现象可以准确地测定其进入和离开太阳圆盘的时刻，并且通过这一时刻推导出这颗行星的运动规律，所以天文学家对这种现象有很大的兴趣。比较准确的观测结果是哈雷（Halley）于1677年在圣海伦岛（St. Helena）上得到的。从此以后，这种凌日的观测就有规律地延续了下来。

1937年5月11日，水星擦过太阳南部边缘，在欧洲南部可见，但在美洲却发生在日出之前。

1940年11月10日，美国西部可见。

▲ 图4-6 2006年11月8日发生的水星凌日。画面中部偏下的小黑点是水星，左边较大的一个黑点和右边的两个黑点是太阳黑子

1953年11月14日，美国全境可见。

1677年以来，人类在水星凌日的观测中发现了一个现在被称为"水星轨道进动"的有趣现象，那就是这颗行星的轨道居然在慢慢地改变。许多年来，很多天文学家都在试图解开这个谜团，但一直没有得到满意的答案。

这个谜团一直困扰着各个时期的天文学家，直到1916年，爱因斯坦提出了他的广义相对论。在牛顿的经典力学中，引力是两个具有质量的物体之间的相互吸引作用。但是爱因斯坦完全凭直觉意识到，引力的作用比我们想象的更有意思。

在解释"水星轨道进动"之前，我们先做个好玩的实验，来看一看爱因斯坦的"等价性原理"。

假定我们现在请一个勇敢无畏的助手，然后把他关到一个与外界隔绝的小屋子里。为了不让他感到孤独，我们给他一个小球。当他松开手，让球自由下落的时候，小球相对地面运动的加速度是9.8米/秒^2。由于这个球是正常加速，所以他认为自己是在地球上。

然后我们等他睡着后，悄悄地把他放进一架飞行时没有任何震动的飞船，船舱的布置和那间小屋完全一样。在他醒来之前，把飞船发射出去。当他醒来后，同样松开手，让小球自由下落，小球相对于地板的加速度还是9.8米/秒^2。然后他便得出一个错误的结论：他仍然在地球上。

于是，我们就会发现，从某个角度来说，引力和加速度是可以相互替代的。如果我们选择一个合理的参照系，那么引力就可以转化为局部的加速度。这与空间本身有关，于是空间不再是牛顿经典体系中那种平坦的样子，而是被弯曲了。

在太阳附近，空间弯曲的程度比较明显。于是，水星在这个被太阳巨大的引力扭曲的空间中运行时，就不再沿着严格的椭圆轨道了，从而造成了水星轨道近日点的进动。

第三节

金星

▲ 图4-7 麦哲伦号从1990年至1994年的金星雷达影像（没有云层）

在天上所有星状物体中，金星是最明亮的。只有太阳和月亮超过了它的光彩。在一个晴朗且没有月亮的夜晚，它的光辉甚至可以照出影子来。

如果你视力良好，并且知道金星的位置，那么在白昼，当它接近子午圈的时候，你就能用肉眼看到它，当然只要太阳不在它的附近。

当它在太阳的东面时，我们可以在西天望见它，日落之前它有暗淡的光辉，随着日光减弱，它的光就增强起来，此时金星被称为昏星；当它在太阳西面时，它会在太阳升起之前出现在东边的天空中，此时金星被称为晨星。古人称昏星为长庚（Hespenls），晨星为启明（Phosphorus），因为他们并不知道它们是同一颗行星。

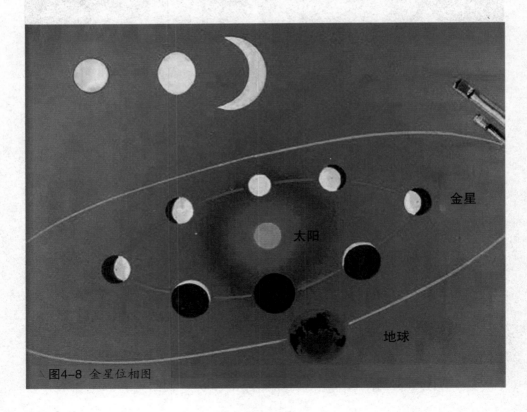

图4-8 金星位相图

用低倍率的望远镜观测就可以发现，金星同样具有圆缺的位相变化。伽利略第一次将望远镜对准这颗行星的时候就发现了这一点，这一发现使他更坚信哥白尼日心系列学说的正确性。

我们已经在前面提到了水星的会合运动，金星的会合与其十分相似。

图4-8表示这颗行星在会合轨道中各部分所现的视域大小。当它由上合到下合时，圆盘逐渐增大，但我们不能见到其全部，它那被照明了的表面也同时逐渐减小，渐渐成为半月形，再成为新月形，最后直到新月一般的下合期。在下合时，全黑暗面都对着我们，因此无法观测。

金星的自转

金星的自转是个非常有趣的问题，激发了众多天文学家和普通人的探索热情。但是，为了得到准确答案，天文学家们却费了一番周折。

因为这颗行星具有很强的亮光，即使用望远镜也很难看出其表面清晰的形态。我们所能看见的，只是表面上略有明暗差异的一团亮光。在望远镜下观测金星，就好像我们看一个磨得很亮却又有些暗淡的金属球一样。

尽管如此，许多观测者还是分辨出了明暗的斑点，并且根据这些斑点得出了许多相互矛盾的结论。比如，金星约在不到24小时内绕轴自转一周；金星要24日以上才能绕轴自转一周；金星绕轴自转周期与绕日公转周期相等。

但是，这些结论都不一定是正确的，在我们有了更先进的望远镜之后，才发现了事实的真相：

金星自转比地球慢得多，一个金星日相当于243个地球日，比金星年还要稍长。

金星两极并不存在像地球那样的扁率，地球的扁率是由于地球高速自转形成的，这也说明金星的自转比地球慢得多。

相对于地球而言，金星是倒转的，从金星北极看，它自转的方向为顺时针。

金星的自转周期与它的轨道周期同步，所以当它到达距离地球最近的点时，总是以固定的一面朝着地球。

金星的大气

我们现在已经承认金星上包围着一层比地球更浓厚的大气。

▲ 图4-9 在1979年，先锋金星轨道器以紫外线波段揭露了金星大气层的结构

当金星有一半多一点儿经过太阳面时，它的外边缘就变得明亮起来。这种变化不是从弧的中心点开始，而是始于靠近弧一边的某点上。这种奇特的现象由普林斯顿（Princeton）的罗素（Russell）进行了详细的解释。他说，金星上大气中蒸气成分太多，我们所见到的只是飘在其大气中的一层照明了的云或蒸气罢了。

既然如此，地球上的天文学家也就无法透过这些云或蒸汽看见金星的本身了。因此，这些假定的斑点就只是一直在变化的暂时的斑点了。

约在1927年，罗斯用威尔逊山天文台的大望远镜在红光及红外光下拍摄到了金星照片。照片中，金星的盘面是全白的。但用紫外光拍摄的照片却显现出了清晰的斑纹，这是第一次在这颗行星上清楚地看到斑纹。这是大气中的云纹，它们在日光透射到金星表面以前反射了大部分的紫外光。

拍摄到的金星圆盘上两极有明亮的斑点，这与火星上的极冠有些相似，尽管比较短暂。

金星凌日

金星凌日是天文学中非常罕见的现象，平均60年发生一次。在过去及未来数百年中，约有一个循环周期，约243年间发生4次。两次凌日之间的时间约为：105.5年一次，又8年一次，又121.5年一次，又8年一次，以后又105.5年一次，再循环下去。

金星凌日发生的日期如下：

1631年12月7日	1639年12月4日
1761年6月5日	1769年6月3日
1874年12月9日	1882年12月6日
2004年6月8日	2012年6月6日

很多年以前，人们还组织过大规模的远征队观测团，观测到的内容对确定金星的未来运动是很有价值的。但后来有了更可靠的方法，也就没什么太大的价值了。

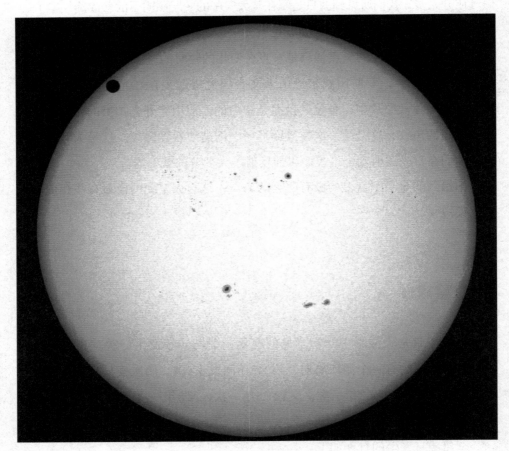

▲ 图4-10 金星凌日

火星

近几年，各个国家对火星产生了空前的兴趣。

2004年，美国的"勇气号"和"机遇号"火星车登陆火星，这是人类航天史开始以来，第一次有两架火星车同时在火星表面行驶。

2012年8月6日，美国"好奇号"火星车成功登陆火星，着重研究火星上的环境是否适合生命生存，彰显了火星探测技术的进步。

人们对火星感兴趣主要因为它跟我们生活的地球有很多相似点。但是从我们已有的知识来看，火星

▲ 图4-11 "好奇号"火星车

表面目前没有生命存在。至于其他地表和极冠中是否可能有原始的细菌，需要对火星进行深入考察。

下面，让我们来认识一下这颗行星。

它的公转周期是687日或者说差43日两年。如果周期恰好是两年，火星就要在地球公转两次的时间做一次公转，而我们也会十分规律地隔两年见一次火星的冲了。但因为它运行得比这个时间要快一些，地球就需要一两个月的时间去追它，冲也就要隔两年零一两个月出现一次。这多出来的一两个月在8次冲之后，

▲ 图4-12 哈勃太空望远镜所见的火星

集成一年，过了15年或17年以后，又回到同一天，而它在轨道中所在的位置也差不多还原了。在这个期间内，地球已公转15次或17次，而火星只公转了八九次。

这两次冲相隔时间一个月左右的差异是因为其轨道的极大偏心率。在这方面，除了水星外，没有一颗大行星能比得上。它的值是0.093，或者说将近1/10。因此，当它在近日点时，差不多离太阳比平均距离要近1/10；而在远日点时，差不多要远1/10。

它在冲位时，对地球的距离也有很多的不同，因此近日点和远日点的冲就有更大的不同了。如果冲时，火星在近日点附近，火星与地球间距离小得只有5600万千米；但在远日点时却比9600万千米还要多。其结果是，在有利观测的冲位时（这只能在八九月中）要比在不利的冲位时（在二三月中）亮3倍以上。

当火星接近冲位时，是很容易被认出的。因为它的光呈红色，且特别强，这跟大多数亮星很不同。在望远镜中看它反倒没有用肉眼看它效果好，这非常奇怪。

火星的表面及自转

1659年前后，惠更斯（Huygens）第一次从望远镜中看到了火星表面的变化特征，还为它画了一幅图，他所画出的火星表面的特点至今仍被认为是正确的。

仔细观察便会发现，这颗行星绕轴自转一周所需的时间约比我们的一天略长一点儿（24小时37分）。这一自转周期比其他任何行星（地球除外）都计算得更为精确。300多年来，火星一直严格按照这一规律周期自转。

所有已知的火星表面情形都可以在一幅图中表明：其明暗区域以及平常总可以看见的包着它的两极的白冠。当一极偏向我们和太阳的时候，白冠就逐渐减小，远离太阳时又加大。在地球上看不见白冠加大的情形，但当它再现时却可以看出比原来大了。

▲ **图4-13** 航天器拍摄的火星表面

火星北极冠直径为1000千米至2000千米，厚度为4千米至6千米，扩展至北纬75°附近。各种已经发射的火星探测器发回的图像资料表明：火星上季节性的极冠是由大气中的二氧化碳凝结而成的。常年存在的极冠主要是由水冷凝而成，温度在-170℃到-139℃之间。由于二氧化碳随温度的变化而不断地气化和凝结，使极冠的大小也在不断变化。极冠的大小随火星季节的变化而变化，在火星冬季时包围其极区，而夏季时就全部或部分消融。

火星的运河

1877年，斯克亚巴列里在火星上发现了所谓的"运河"，即在这颗行星上纵横参差，比一般表面略微黑暗一点儿的条纹。斯克亚巴列里把这些条纹翻译成canale，意大利语是水道的意思。可是，转换成英文之后，就有了"运河"的意思。

▲图4-14 火星的"运河"

我们认为这些"运河"是火星上的自然（非人工）景物。火星上曾发过洪水，这些河道十分清楚地证明了许多地方曾受到侵蚀。火星表面曾存在过水，甚至可能有过大湖和海洋。但是它们看起来只存在了相当短的时间，而且估计距今也有大约40亿年了。

于是，火星的表面就产生了许多有趣且多变的相貌。在所有行星中（除了地球），它的表面是最适于用望远镜观测的。它呈现出一片红色的背景，使人想到了荒漠的原野。

火星的四季

早期的观测认为火星极冠区主要被冰雪覆盖，但是最近的观测认为，火星的大气比地球的要稀薄得多，那层薄薄的大气主要由二氧化碳（95.3%）、氮气（2.7%）、氩气（1.6%）和微量的氧气（0.15%）、水汽（0.03%）等组成。

那么，火星的四季是怎么形成的呢？

当火星的半球上春季渐过的时候，白色的极冠就逐渐减缩，这一半球的黑暗地方会更明显、绿色更重。当夏季渐过而极冠完全或差不多完全退去时，这些黑暗的地方就很显然地衰败且变成褐色。

当然，这种四季的变化并非来自于植物。为了探究这一问题的原因，科学家把注意力集中到了火星表面的土壤上。

美国普林斯顿大学的地质学家迪特·哈格雷夫斯认为火星的表层土壤是由绿高岭石构成的。千百万年前，火星上的岩浆岩与火星上一度存在的山相互作用，形成了一层绿高岭石外壳。当时不断有大量陨石穿过薄薄的二氧化碳大气层，落在火星表面。陨石落下时的巨大冲击产生了足够的热量，使火星表面某些区域的绿高岭石转变为红色的磁性矿物。而随后落下的陨石又将这些红色的

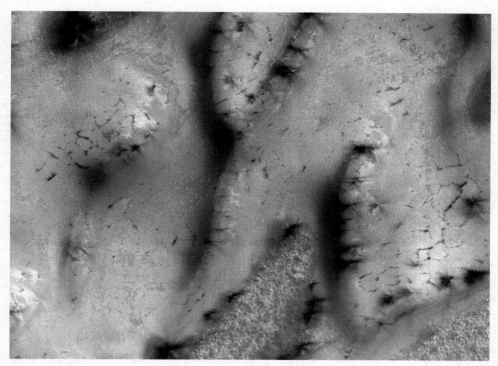

▲ 图4-15 在火星的春季，水冰的升华会使冰层下的砂在季节性水冰的顶部形成扇状沉积

磁性矿物击碎为细小的红色尘土，它们随风四散，分布到整个火星表面，从而使火星呈红色的外观。

火星的卫星

火星有两颗卫星。1877年，霍尔在美国海军天文台发现它们之前，人们未曾观测到它们，因为人们没有想过卫星会那么小。可是，当人们知道了它们的存在之后，想要观测到它们就并非难事。

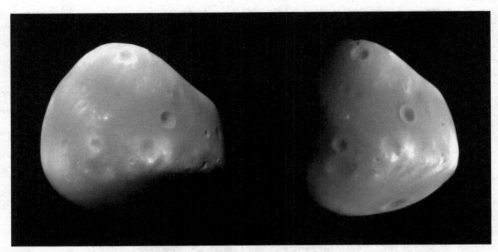

▲ **图4-16 火星侦察轨道器所拍摄增强影像的火卫二彩色图**

对它们观测的难易程度由火星在轨道中的位置以及它相对地球的方位决定。在火星接近冲位的时候，有三四个月至六个月（依情形而定）的时间可以观测它们。在近日点附近的冲时，甚至可以用直径不到30厘米的望远镜看见它们。

霍尔把外层的卫星叫作"火卫二"（Deimos），内层的卫星叫作"火卫一"（Phobos），它们都是古神话中战神（Mars）的侍从。

火卫一有一个特点：它与火星之间的距离是太阳系中所有卫星与其主星的距离中最近的，从火星表面算起，只有6000千米。它绕火星旋转一周只需7小时39分，比火星绕轴自转一周时间的1/3还少。

火卫二的公转周期是30小时18分。这种迅速运动的结果使得它一起一落之间要经过差不多两天的时间。

光度的推测告诉我们，火卫二的直径是8千米，火卫一的直径是16千米。除了我们尚未发现的更暗弱的小行星，这两颗卫星算是太阳系中能见到的最小的东西了。

▲ 图4-17 火星勘测轨道飞行器在2008年3月23日拍摄经过色彩强化的火卫一影像。斯蒂克尼陨石坑，是在火卫一正面最大的陨石坑

小行星群

图4-18 小行星群

在太阳系中，火星和木星的轨道间有一个巨大的间隙。在各行星之间的距离都已经测定好以后，这巨大的间隙引起了天文学家的注意。难道这巨大的间隙中还隐藏着其他行星？

　　这个问题被意大利天文学家皮亚齐（Piazzi）解决了。他十分热爱天文观测，他在西西里的巴勒莫有一座小天文台，还为那些已经确定的恒星制订了恒星位置表。

　　在1801年1月1日，他为新世纪行了开幕礼——在那个巨大的空隙之中发现了一颗行星，并取名谷神星。

▲ 图4-19 谷神星

让人惊讶的是，它是那样的小，但其偏心率却很大。在这颗新行星被发现后，还未完成一周公转的时间里，不来梅的医生奥尔伯（Olbers）利用闲暇的时间进行天文观测时，竟然又发现了与谷神星在同一天区内运转的另一行星。在接下来的3年中，又陆续发现了2颗行星。此时一共发现了4颗小行星。

这样过了大约40年，在1845年，德国观测者亨克（Hencke）发现了第5颗行星，第二年又发现了第6颗。于是，开始了一连串的发现。经过多年累积，目前已经发现超过两万颗了。

猎取小行星

直到1890年，这些天体都是被少数观测者发现的。他们像猎手捕猎一样，有意去猎捕这些小行星。他们先设置一个陷阱，即把黄道附近的天空小块天区的星星画出来，然后出现一颗行星就"抓"住它。

而在1890年以后，人们发现摄影术是找到这些行星更容易更有效的方法。天文学家把望远镜对准天空，开动定时装置，用较长的曝光时间（也许是半小时）为星星摄影。

如果是恒星，那么就会在底片上呈现小圆点。如果是行星，就一定会有运动，它在底片上呈现出来的就是一条直线而不是一个圆点。天文学家不用再搜索天空，只需要看照片就可以发现行星。海德堡的沃尔夫（Max Wolf）用这个方法找到了500多颗小行星。

最新发现的小行星大多数都是极暗弱的，而且数目也随着暗弱的程度不断增长。这些行星非常小，就连最大的谷神星的直径也只有770千米，只有约12颗行星的直径超过了160千米，最小的直径大概只有32千米到48千米。

小行星的轨道

有的小行星的轨道偏心率很大，例如希达尔戈星（Hidalgo），它的轨道偏心率是0.65，也就是说当它在近日点的时候，离太阳的距离比平均距离要近2/3，在远日点时要远2/3。

关于小行星的来历，众说纷纭：

依星云假说的理论，所有行星的物质从前都是环绕太阳运行的云状物质的环。由于环中物质渐渐集中于最密的一点，从而形成了一颗行星。

依钱柏林（Chamberlin）和莫尔顿（Moulton）的星子假说认为，这些行星是由较少的比大行星小的星星的碰撞而成的。

依"半成品说"理论，约46亿年前，太阳系形成的早期，太阳系由一团星云凝聚成天体。凝聚过程中有一部分形成大行星，有一部分没有形成大行星，分布在火星和木星的轨道之间，所以才有了小行星带。

爱神星

这些小行星中有一颗非常特别的"爱神星"，我们要对其特别关注。

1898年以前，所知的数百颗行星都是在火星、木星轨道之间运行的。但是，那一年夏天，柏林的威特（Witt）发现了一颗行星在近日点时竟进入了火星轨道的内部。威特给它取名为"爱神星"。

这颗行星的轨道偏心率很大，在远日点又远远地逃出火星的轨道之外。它与火星的轨道如同锁链的两环相结，如果轨道都是铁丝，它们就要连在一起了。

▲ **图4-20** *爱神星*

　　由于轨道的倾斜，爱神星常到黄道带的范围以外。1900年，当它接近地球时，竟然跑到北方去了，在北纬中部都不落到地平线以下，而经过子午圈时也在天顶以北。它的运动如此特别，也是我们没能及时发现它的原因。

　　1900年，当它接近地球时，我们仔细地观察过它，却发现它的光度每小时都在变化，这种变光有一定的规律，周期是5小时15分。

　　2000年，小行星探测器NEAR终于接近了爱神星，它发回的照片给我们带来了真相：爱神星的亮度变化反映出它是一个40×14×14立方千米的表面起伏不平的柱体。

近地小行星

在目前已经发现的小行星之中，有1400多颗小行星的轨道都可能是与地球轨道相会的近地小行星。这些天体的轨道有可能与地球轨道发生交叉，其中有500多颗小行星直径约1千米，如果它们中的任意一颗撞击地球，将给人类带来毁灭性的灾难。

小行星撞击地球的可能性有多大呢？平均几千万年发生一次灭绝人类的撞击，平均每十万年发生一次危及全球1/4人口生命的撞击，平均每100年发生一次大爆炸。幸好月亮和木星作为地球的天然保护伞，阻止了许多小行星、小天体接近地球。

▲ 图4-21 这类小行星可能会带来撞击地球的危险

对小行星的防范工作包括建立空间监测搜索网、寻找未发现的近地小天体、测定这些天体的精确运行轨道等。

1985年，中国科学院国家天文台开始实施施密特CCD小行星计划，使用河北省兴隆县观测基地60/90厘米施密特望远镜对小行星进行巡天观测。

1995年，由美国GPL和美国空军合作开始实施"近地小行星追踪计划"，使用美国空军在夏威夷毛伊岛的地面电子光学深空监测站。

1996年3月26日，罗马成立了"太空防卫基金会"，由各国在近地小行星领域工作的一些知名天文学家组成。这个基金会在全球范围内组成专门的望远镜观测网，对近地小行星和彗星进行系统搜寻和监测。

美国国家航空航天局把更多的精力投入在观测和研究小行星的本质方面，研究是纯铁的多还是石铁混合的多，然后采取对策。一旦发现大约距离地球10千米的小天体有可能撞向地球，而且轨道越来越低了，这时候必须采取措施，放置太阳能帆板或大型火箭发动机，人为改变它的轨道，把近地小行星推离原来轨道。

第六节

木星及其卫星

木星是全太阳系中除太阳以外的"巨大行星"，它在外形和质量比其他行星加起来的3倍还要大。但与我们星系中央的巨大发光体（太阳）比起来仍然相差甚远。即使是木星这样的庞然大物，也不及太阳的千分之一。

▲ **图4-22** 木星的彩色卡西尼合成影像。星球上黑点为木卫二的阴影

在它的冲时（约13个月一冲），这颗行星很容易在夜晚的天空中被认出。那时，它是全天上星状物体中除金星之外最亮的，有时候火星会比它亮一些。木星是白色的，很容易和火星区分。

如果我们用一架最小的天文望远镜或是很好的普通望远镜来看它，就可以立刻看出它不是一颗星状的点，而是一个不小的球体，周围有两道带状暗影。如果用更大的望远镜看，这些带状物就变成了斑驳的云状物，而且它们永远在变化。不仅每个月不同，而且每晚都不同。每晚且每小时仔细观测它们的情况，就可以发觉这颗行星约9小时55分绕轴自转一周。因此，天文学家可以在一夜之间看到它表面的全部样子。

值得一提的是，我们现在所看到的木星的斑纹，与20年前所看到的有很大的区别。因为苏梅克—列维9号彗星无意间闯入了木星的势力范围，并被木星的引力所吸引，在1994年7月撞上了木星。这次巨大的撞击极大地改变了木星表面的形态。

这颗行星还有两个重要的特色值得注意：

一是木星圆面上光度不平均，越到边缘光度越阴暗，光在近边缘处看来并不耀眼，而是柔软地散开了。从这方面说，它与火星及月亮恰好成对照。边上的阴暗通常被认为是由于围绕这颗行星的浓厚的大气造成的。

另一特色是它的形状，木星并不是正圆形，它的两极较为平扁，如同我们的地球，但远比地球扁，木星绕轴自转速度过快，使它的赤道部分凸了起来。

木星的可见的表面

在望远镜中，我们看到的木星的形态如同我们在大气中所见的云一样多变。那上面常有延长的云层，其形成的原因和我们大气中云层的成因一样——

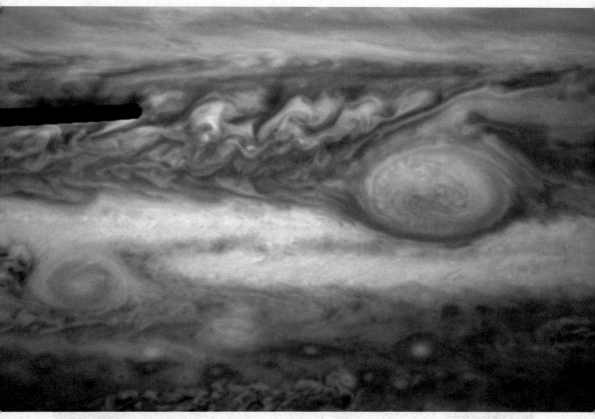

▲ **图4-23** 哈勃望远镜拍摄的木星大红斑、小红斑

是由于空气的流动。在这些云中间，常常可以见到白色圆斑。云的颜色有时是淡红的，尤其是近赤道的部分。

　　木星的表面确实是不稳定的，但有些地方却过了很多年都没有变。那就是约在1878年出现于这颗行星南半球的中纬度的红色大斑点，现在通常被天文学家称为"大红斑"。这个巨大的斑点在鼎盛时期，长2.5万千米、跨度1.2万千米，足以容纳两个地球。10年后，它就开始消隐，有时仿佛完全消失了，但过了一段时间它又重新明亮起来。这种变化一直持续至今。

人们认为它是一个高压区，那里的云层顶端比周围地区高得多，也特别冷。在大红斑的下方，还有一块白色的大斑点，它是200多年前被注意到的，现在还可以很清楚地被观测到。

木星的结构

木星由90%的氢和10%的氦及少量的甲烷、水、氨组成，这与形成整个太阳系的原始的太阳系星云的组成十分相似。来自"伽利略号"的木星大气数据显示，对木星的探测只到云层下150千米处，所以说，对于木星内部结构的探测还很有限。

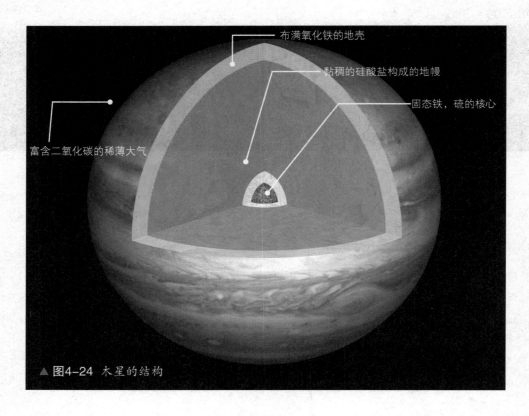

布满氧化铁的地壳

黏稠的硅酸盐构成的地幔

固态铁，硫的核心

富含二氧化碳的稀薄大气

▲ 图4-24 木星的结构

目前的推测是：这颗行星有一个固体的、冷的中心核，相当于10~15个地球的质量，核的密度也许可以和地球或其他固体行星相比。内核是大部分的行星物质集结地，以液态金属氢的形式存在。液态金属由离子化的质子与电子组成，类似于太阳的内部，不过温度低很多。木星内部压强大约为4000亿帕斯卡。

木星的卫星

当伽利略第一次把他的小望远镜指向木星时，他高兴而惊讶地发现木星有4颗小小的伴侣。它们都是围绕着木星旋转，就好像行星绕着太阳旋转。当时，日心说还未被认可。

▲ 图4-25 木星及其卫星光环

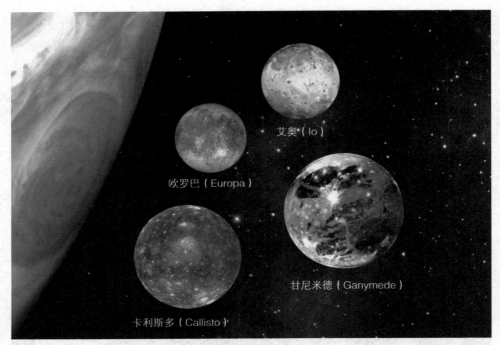

▲ 图4-26 木星及其卫星

　　这些天体十分显眼，就算用很普通的望远镜也能看见。但是木星的光太强了，把这4颗卫星的光芒掩盖了。这4颗卫星分别叫艾奥（Io）、欧罗巴（Europa）、甘尼米德（Ganymede）、卡利斯多（Callisto）。

　　不过，人们还是习惯以离行星的远近来称呼它们。木卫二比我们的月亮小一点儿，木卫一较之稍大一点儿。木卫三、木卫四的直径有5100千米，比月亮约大50%，是太阳系中最大的卫星，比水星还要大。它们的自转和公转周期相等，所以和月亮一样，总是以同一面对着木星。

　　随着现代天文观测技术的发展，木星的卫星被越来越多地发现，到2012年2月，科学家们已经利用包括计算机在内的多种手段发现了66颗木星卫星。

木星的光环

发现木星的光环纯属意外，只是因为"旅行者"1号的两位科学家一再坚持探测器在航行10亿千米后，应该顺路去看一下木星是否有光环存在，结果就意外发现了木星的光环。后来，地面上的望远镜也发现了它们。

木星的光环较暗（反照率为0.05），由许多粒状的岩石材料组成。由于大气层和磁场的作用，木星光环中的粒子可能无法稳定地存在。这样一来，如果光环要保持形状，就需要不停地补充粒子。两颗处在光环中的公转小卫星——木卫十六和木卫十七显然是补充光环资源的最佳候选处。

土星及其系统

土星在大小和质量两方面都是行星中仅次于木星的。它用29.5年的时间环绕太阳一圈。当这颗行星可以被看见时，观测者很容易认出它来，一是因为它的光微带红色，二是因为它的光是稳定的，不像它周围的恒星一样闪烁。

虽然土星不如木星明亮，但是它巨大的光环却使它成为太阳系中最漂亮的一颗星。虽然其他行星也有光环，不过与土星相比，就逊色多了。

早期用望远镜的观测者曾经认为土星的光环是个谜。即使是伽利略这样伟大的科学家也对其感到不解，直到天文学家兼物理学家惠更斯解答了这一问题，一切才真相大白。

土星的物理结构

土星的物理构成跟它的邻居木星有些相似。它们都以密度之小引人注意，土星的密度甚至比水的密度还小。而且自转速度也相似，土星绕轴自转一周约需要10小时14分，比木星自转周期略长一点儿。土星表面也覆盖着云状物，很像木星，但较暗弱，因此不能像木星一样被清楚地看到。

土星光环的各种变化

巴黎天文台创建于1666年，是路易十四王朝时期法国的科学部门。卡西尼就在那儿发现了土星光环的环缝，知道了光环实际分为两道，一道在外一道在

▲ 图4-27　卡西尼-惠更斯号于2006年9月15日拍得的土星环全貌（亮度在这张图中被强化了）

▲ 图4-28 黑暗的卡西尼缝分开了在内侧宽广的B环和外侧的A环，这张影像是哈勃太空望远镜先进的巡天照相机在2004年3月22日拍摄的，较不明显的C环就在B环的里面

▲ 图4-29 卡西尼太空船从无光的一侧看见的土星环（2007年5月9日）

内，二者却同在一平面上。外层光环又可以一分为二，发现这一道缝的是恩克（Encke），因此把它命名为恩克环缝。它没有卡西尼环缝那样清晰，只是一道轻影而已。

为了把土星光环的各种变化状态表示清楚，我们先画一幅假如我们能够垂直地看它们（当然，这是办不到的）时的形状。

我们先要注意卡西尼环缝，它把光环一分为二，一内一外，外环较窄。在外环上，我们看到了那较模糊的恩克环缝。内环上，我们注意到它的内侧渐渐暗淡，有一道灰暗的边，它叫作"土星暗环"，这是由哈佛天文台的邦德（Bond）第一个描绘出来的。长久以来，它都被认为是另外独立的一道光环。但细心的观测却证明，这道暗环只是连接着外面的环，而外面的环也只是渐渐移到这道环上去。

土星光环向土星轨道平面倾斜约27°，并且当土星绕太阳公转时，仍保持着在空间中的方位不变。这种情形可在图4-30中见到，此图是土星绕太阳轨道的远观图。

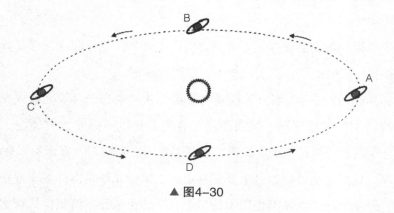

▲ 图4-30

当土星在A点时，太阳光照在光环的北方。7年以后，土星到B点，光环的边向着太阳。土星过B点以后，太阳光照到了南方，偏斜度逐渐增加。直到土星达到C点，那时偏斜度最大，约27°。以后光环对太阳的偏斜度逐渐减小。等土星到了D点时，光环的边缘又对着太阳了。从D点到A点再到B点，太阳光又重新回到北方。

以我们的角度看，这些光环是永远偏斜着的，却绝不超出27°角。

对于观测者的我们来说，光环倾角越大，观察起来就越便利越清晰，那时就是观测环缝与暗环的最佳时机。土星的暗影映在光环上，呈现出一道缺口的样子，像内环的边一样经过土星上暗道的就是光环投射在土星上的影子。

光环的本质

当大家都认为牛顿力学定律也统治着天体运动时，土星光环又成了谜。是什么使这些光环保持其位置的呢？是什么使土星不奔向内环反而要毁掉整个美丽的结构呢？

在还未得到观测的证据时，大家就明白光环绝不像看起来那样是连成一片的。在很长一段时间里，人类都找不到观测的证据。

直到基勒（Keeler）用分光仪观测土星，才发现当光环的光散成光谱时，暗光谱线会产生一些移动。这表明光环各部分是以不同角速度环绕土星运行的，最外层的光环绕行角速度最慢，越往里角速度越快，一直增加到最内层。

所以，我们完全可以由这个证据判定，土星的光环是由许多非常小的碎片组成的。但是土星（以及其他类木行星）光环的由来还不清楚，尽管它们可能自形成时就有光环，也可能是比较大的卫星碎片，但是光环系统是不稳定的，它们可能在前进过程中不断更新。

A环 B环 C环   C环在土星球面   卡西尼缝
                     前面较明显

▲ **图4-31** 图形的光环结构

土星的卫星

除了光环以外，土星也具有卫星众多之优势（到2009年，已确认的卫星有62颗）。它们的大小以及离土星的远近都很不相同。其中之一叫泰坦（即土卫六，Titan），可以用小望远镜看见。

泰坦是惠更斯偶然发现的，与之相关的还有一个有趣的故事，这是人们在惠更斯的通信文集公开后才知道的。

这位天文学家按照当时的习惯，为了保障自己的发现不被他人知道，就把这一发现隐藏在一个谜语里，并把谜语寄给了英国著名的天文学家沃利斯。沃利斯给惠更斯的回复是一长串的字母密码，后来证明二人想表达的意思完全相同。

▲ 图4-32 土卫一

▲ 图4-33 土卫二

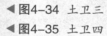

◀图4-34 土卫三

◀图4-35 土卫四

▲ 图4-36 土卫五

▼ 图4-37 土卫六

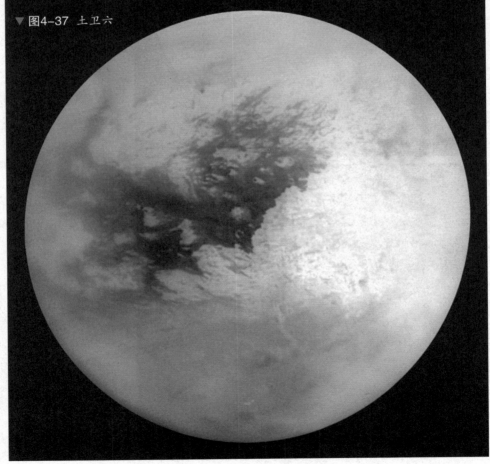

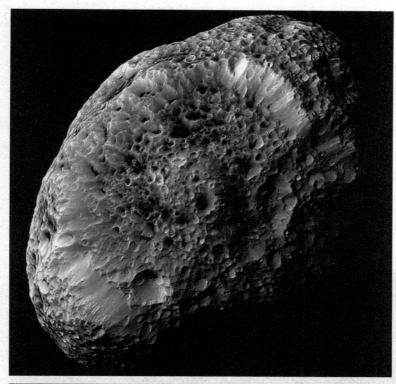

◀ 图4-38 土卫七
◀ 图4-39 土卫八

值得一提的是，泰坦近年来越来越受到科学家的重视，因为这颗卫星上有一个值得关注的大气层。在其表面，它的压力大于15万帕斯卡（比地球的高50%）。它主要由分子氮组成（就像地球的一样），另外仅有6%的氩气和一些甲烷。十分有趣的是，它还存在一些微量的其他化合物（比如乙烷、氢氰酸、二氧化碳）。它们在土卫六的大气层上部被太阳光破坏。这样的结果类似于在大城市上空发现了烟雾，但比那更厚一些。

▲ **图4-40** 土星的四颗卫星：土卫四，土卫六、土卫十六（在环的边缘）土卫十三（中央上方）

惠更斯在1655年宣布对土星卫星泰坦的发现之后，就庆贺太阳系完成了。那时，恰好有七小七大，正符合欧洲文化中的一种魔数。

但在之后30年中，卡西尼就破坏了这个神奇的系统，因为他又发现了土星的4颗卫星。之后，又有一些伟大的天文学家发现了土星卫星。

编号	名称	发现者	发现年	对土星距离（千米）	公转周期（天）
土卫一	Mimas	赫歇耳	1789	186000	0.94
土卫二	Enceledus	赫歇耳	1789	238000	1.37
土卫三	Tethys	卡西尼	1684	295000	1.89
土卫四	Dione	卡西尼	1684	377000	2.74
土卫五	Rhea	卡西尼	1672	527000	4.52
土卫六	Titan	惠更斯	1655	1222000	15.95
土卫七	Hyperion	邦德	1848	1481000	21.28
土卫八	Iapetus	卡西尼	1671	3561000	79.33

天王星及其卫星

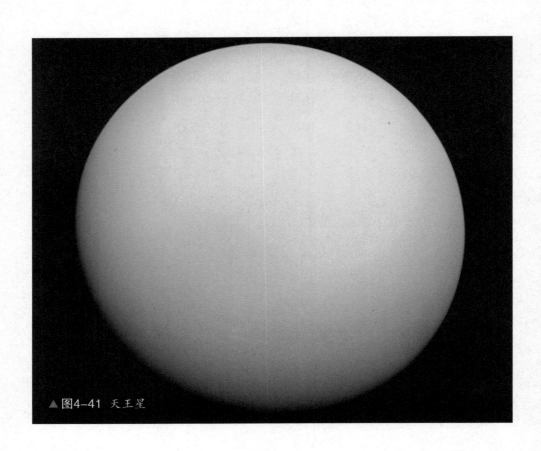

▲图4-41 天王星

按照距离太阳的远近来算，天王星是大行星中的第七颗。

1781年，天王星被威廉·赫歇耳发现。最开始，他以为这是一颗彗星的核，但是经过仔细观察，发现它与彗星运行的方式不同。不久之后，赫歇耳便确定自己又发现了太阳系的新成员。

当这颗行星的轨道测定工作开展后，它从前所运行的路线也被画了出来。大家这才知道，100多年前，它就已经被观测并记录了。

英国的弗拉姆斯蒂德（Flamsteed）编制恒星表时，已在1690年~1715年之间把它当恒星记录了5次；巴黎天文台的雷蒙尼（Lemonnier）在两个月之内（1768年12月及1769年1月）记录了它8次。但他从未比较研究自己的观测结果，当知道赫歇耳宣布发现新行星时，他才意识到自己错失了一次获得无上荣誉的机会。

▲ 图4-42 天王星及其光环

天王星的公转周期是84年，一年当中，它在天空中的位置也没有什么改变。天王星与太阳的距离约比土星多了一倍。

使用优良的望远镜观看，它就成了一个略带绿色的灰白圆面。

大多数的行星总是围绕着几乎与黄道面垂直的轴线自转，可天王星的自转轴却几乎平行于黄道面。像其他所有气态行星一样，天王星也有光环。它们像木星的光环一样暗，但又像土星的光环那样，由直径10米的物体和细小的尘土组成。

天王星的光环是八大行星中第二个被发现的，这一发现让我们意识到光环是行星的普遍特征，而非土星所特有。

天王星的卫星

目前，已发现绕天王星旋转的卫星共有27颗，其中4颗比较明显的可以用普通的天文望远镜看到。它们的名字以离天王星远近为序分别是：阿里尔

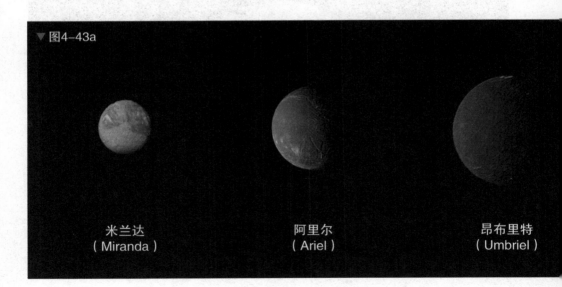

▼图4-43a

米兰达
（Miranda）

阿里尔
（Ariel）

昂布里特
（Umbriel）

（Ariel）、昂布里特（Umbriel）、提坦亚（Titania）、奥伯伦（Oberon）。到天王星的距离从30.9万千米到94.3万千米。

1800年以前，赫歇耳总以为他常瞥见另外4颗，因为当时没有一架望远镜比赫歇耳的更先进，所以大家都以为天王星有6颗卫星。

约在1845年，英国的拉塞尔（Lassell）担任制造更大的反射望远镜的工作。于是他制造出了两部大望远镜，口径分别是61厘米和122厘米。后来，他把较大的一架运到马耳他岛（Island of Malta），想在地中海上观测晴朗的夜空。

不久，拉塞尔便发现赫歇耳所说的卫星并不存在，他却意外发现了另外两颗新的卫星。但是在之后的20年间，人们一直在寻找这些卫星，却始终没有找到，很多天文学家都怀疑它们是否真的存在。

直到1873年冬季，华盛顿海军天文台发现了它们。这些卫星的轨道几乎垂直于该行星的轨道。结果，这颗行星轨道上就有相对的两点，在卫星轨道以一条线对着我们。当天王星靠近了这两点之一时，我们就能在地球上看见那些卫星仿佛自南而北又自上而下在行星两边纵跳，就像钟摆一样。

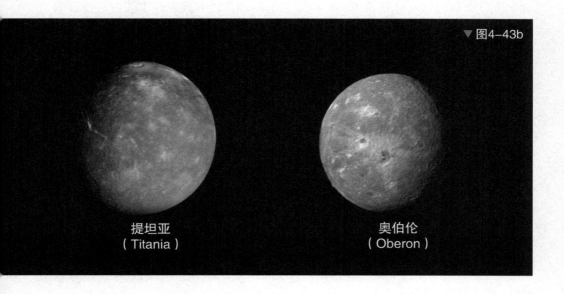

▼图4-43b

提坦亚
（Titania）

奥伯伦
（Oberon）

海王星及其卫星

以离太阳远近为序，天王星之后便是海王星。它的大小与质量和天王星相差不多，但它与太阳之间的距离却是30天文单位（天王星是19.2天文单位），微弱的太阳光使它更暗淡。

海王星的圆面呈现出蓝色或铅色，跟天王星的海绿色不同。由于这颗行星圆面上什么标志性物体都看不到，所以它的绕轴自转方式就绝不能由直接观测而得知。通过分光仪做的观测显示，它的自转周期是15.8小时。

海王星发现史

在19世纪最初的20年间，巴黎的著名数理天文学家布瓦尔（Bouvard），准备制作木星、土星、天王星（当时认为最外层的行星）的运动新表。他根据拉普拉斯的算法得出这些行星的运行轨道由于相互之间的引力作用而产生的误差。他成功地使他制作出的表适合对木星、土星的观测所得的运动，但他怎么努力也制作不出适合天王星的观测所得的运动的表。

▲图4-44 海王星

当时的天文学家都认为这里面一定有原因。这种情形一直维持到1845年。

那时，巴黎的勒威耶忽然想到这种误差有可能是由于天王星之外的某个未知行星的吸引造成的，于是开始计算使这种误差产生的行星在什么轨道中运行。1846年夏季，他把所得的结果交给了法国科学院。

恰巧在勒威耶怀疑新行星存在的时候，剑桥大学的一位英国学生亚当斯（John C. Adams）也产生了同样的想法，并做了同样的工作。两位计算者都算出了当时未知行星所在的位置，但亚当斯把结果交给英国天文学会时并未引起重视，直到勒威耶也认为存在新的行星，这才引起了大家的注意。

寻找新行星的工作开始了。在那个没有计算机、没有光谱分析仪，甚至没有像样的摄像设备的年代，想要单凭简陋的目视望远镜从周围无数恒星中寻找一颗微小的行星并非容易的事情。

查利斯在进行这项工作时，勒威耶写了一封信给柏林天文台的伽勒，告诉他这颗行星在恒星中被推定的位置。恰巧那时柏林的天文学家完成了一幅部分天空的星图，而该行星就被推定在这部分天空之中。

因此，当天晚上，这些天文学家就拿起望远镜观察星空，看看是否真的存在这一行星。不久，它就被发现了。但是伽勒非常谨慎，一定要等到第二天晚上再次证实这一发现是真的。第二天晚上，这颗行星再次被发现，并且已经移动了一段距离。于是，这颗行星被证明确实存在。

天文学家将这次发现海王星的荣誉颁给了勒威耶和亚当斯两个人，以表扬他们的伟大发现。

海王星的卫星

在发现海王星之后，全世界的天文学家纷纷对它进行观测。拉塞尔不久发

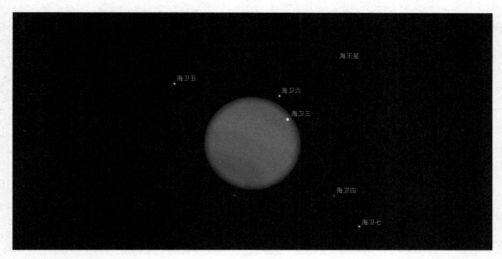

海王星

海卫五

海卫六

海卫三

海卫四

海卫七

▲ **图4-45** *海王星的卫星*

现了海王星的卫星，直径约有2700千米。

这颗卫星距离海王星约35.5万千米，几乎跟月亮离地球差不多远。但它的公转周期只有5天21小时，这表示海王星的质量比地球大17倍。

这颗卫星自东向西旋转，轨道近圆形，向海王星赤道倾斜20度。在约600年间，这一轨道始终没有改变倾斜度。

同天王星和木星一样，海王星的光环十分暗淡，但它的内部结构仍是未知数。人们已命名了海王星的光环：

最外面的是亚当斯（Adams），它包括3段明显的圆弧，已分别命名为自由（Liberty）、平等（Equality）和互助（Fraternity）。

其次是一个未命名的包有加拉蒂（Galatea）卫星的弧。

然后是莱弗里（Leverrier）。

最里面的叫盖尔（Galle），暗淡但很宽阔。

曾经的大行星冥王星

虽说人们已经运用数学和物理学发现了海王星，但天王星的行动还是不怎么规矩，受其影响，海王星的运动也不太正常。

尽管理论计算得出的轨道与实际观测到的结果有些差距，但是很多天文学家却认为，一定不会再有新的未知行星了。一是因为天王星和海王星由这颗未知行星引力而造成的运动误差太小；二是因为新行星在望远镜中一定是暗淡不明的物体。

在发现冥王星之前的许多年里，天文学家罗尼尔始终坚信新行星的存在并不断地进行观测，其中有欢呼也有失望。遗憾的是，他没有等到发现新行星的那一刻便去世了。

▲ **图4-46** 美国国家航空航天局公布的冥王星照片

▲ **图4-47** 艺术家笔下的冥王星及卫星卡戎。1930年被发现后冥王星一直被当作行星，至2006年才被归类为矮行星

　　1930年1月，观测者在搜索的照片中发现了一颗移动的物体，而且它移动得非常慢。经过多个夜晚的观测，终于在1930年3月13日发现了冥王星，发现者是汤博（C. W. Tombaugh）。

　　接着，人们在原来的星空照片中寻找新行星发现前的记录，并一直追溯到了1919年。这种有价值的记录给我们带来了非常宝贵的信息：冥王星绕太阳公转的周期是249年，而与太阳的平均距离约为地日距离的39.6倍。

　　冥王星本身的大小和质量与地球相仿，是只能在大望远镜中才能看见的黄色星球。（美国国家航空航天局于2006年1月19日发射空间探测器新视野号，对冥王星及柯伊伯带进行探索，探测器在2015年7月14日顺利抵达冥王星。）

冥王星像海卫一一样，由70%的岩石和30%的冰水混合而成，表面上光亮的部分覆盖着一些固体氮、少量的固体甲烷和一氧化碳，大气主要由氮、一氧化碳及甲烷组成。

虽然冥王星的发现经过很传奇，但它的大行星地位只保持了70余年。在2006年8月24日的第26届国际天文学联合会上，经过投票，否定了冥王星是大行星，而认定它是矮行星。不过，无论人们如何决定冥王星的地位，都改变不了它运行的轨道和方式。

第 5 章

彗星与流星

彗星

彗星不同于行星，它形状特殊、轨道偏心率极大、出现的次数较少。其结构和本质的问题在很长一段时间里都相当神秘。但是随着科学技术的发展，天文学家们逐渐揭开了彗星的神秘面纱。

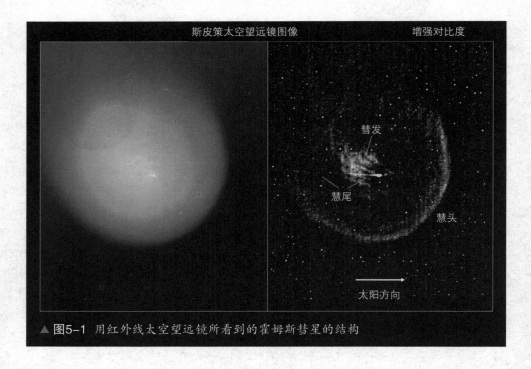

斯皮策太空望远镜图像　　　　　　　　增强对比度

彗发

慧尾

慧头

太阳方向

▲ 图5-1　用红外线太空望远镜所看到的霍姆斯彗星的结构

▲ 图5-2 从太空拍摄在轨道上的洛弗乔伊彗星（Comet Lovejoy）

首先，我们肉眼所见的一颗星状物叫作彗星的核。包围核的是云状的、模糊的、一块一块的，就像一团雾，我们称它为"彗发"。核与发在一起合称为彗星的头部，看起来就好像是一颗星星在一团云雾中发光一样。

由彗星展开的是尾部，它长短不一，各具特色。小彗星的尾部小得几乎可以忽略，最大彗星的尾部却可以占据天穹的大部分。接近彗星头部的地方窄而亮，离头部越远就越宽、越散漫。彗星的亮度也存在极大的不同，有些较亮的会发出夺目的光彩，有些暗淡得几乎连肉眼都无法看见。

从历史记载来看，100年中肉眼可见的彗星有20~30颗。但用一架望远镜搜索天空时，就会发现彗星多得出乎意料。有时，一颗彗星同时被好几位观测者发现。这时，谁先确定出彗星的正确位置并告知天文台，谁就是这颗彗星的发现者。

为了方便，给彗星起名也有独特的规则。因为彗星的出现往往是随机的，所以一般规定最早发现这颗彗星的人的名字就是这颗彗星的名字，并在发现者

▲ 图5-3 彗尾

名字的前面加上公历年份，而且还要按照这一年发现彗星的先后次序加上字母，但也有发现者用其他名字为彗星命名的。

彗星的轨道

彗星同行星相似，也是沿着环绕太阳的轨道运行的。牛顿证明了它们的运动和行星的运动一样，受太阳引力的支配。其中的最大不同是它们并不像行星一样有近似圆形的轨道，它们的轨道无限延展，大多都无法测定其远日点。

在我们看来，彗星是由挥发性元素在太阳系边缘凝聚而成的，它们就像天文时间的存放器，保存着太阳星云早期的有关信息。彗星越接近太阳，速度越快，沿着更大的曲线绕中央物体旋转，再凭借由此而生的离心力飞去，返回的方向差不多和来时的方向相反。

哈雷彗星

天文学史上最著名的哈雷彗星（Halley's comet）是第一颗被发现依规则周期而回归的物体。这颗彗星出现在1682年8月，约一个月之后才慢慢消失。

哈雷研究观测的结果发现，这正和开普勒在1607年所观测到的一颗明亮的彗星的轨道相同。他知道，两颗彗星恰好在同一轨道中运行是不可能的，于是他断定，这个轨道必为椭圆形，而这颗彗星的周期约为76年，也就是说它每隔76年就会出现一次。

于是，他翻阅天文学书籍，以76年为周期，查看是否有彗星出现。果然，用1607减去76得1531，确有一颗彗星出现在1531年；再从这一年往前推约76年，便是1456年，而1456年果然也出现了一颗彗星。虽说有1456年、1531年、1607年、1682年出现的彗星为证，但为了进一步确认这颗彗星的存在，很多人推测1758年这颗彗星还会回来。果然，在1758年3月12日，这颗彗星经过了近日点。

哈雷彗星再次经过近日点是在1835年11月，然后是1910年4月，而这次回归颇为壮观。4月20日接近近日点时，彗尾已亮得肉眼可见；5月初，在黎明前天空中呈现耀眼的光彩；5月19日，这颗彗星恰好从地球和太阳之间经过；又过了两天，它的尾部掠过地球。由于那时它距离地球只有2500万千米，所以有人担心被彗尾笼罩的地球生物会全部死亡。其实，彗尾非常稀薄，而地球也未发生任何异状；约到7月间，哈雷彗星已退行极远，用望远镜也看不到它了。

哈雷彗星当时之所以著名，是因为它横扫天际时的景象。1986年，它再一次成为肉眼可见的奇观，而它下一次到来的时间是2061年。

▲ 图5-4 哈雷彗星

消失不见的彗星

1770年6月，法国天文学家勒格泽尔（Lexell）发现了一颗很有特点的彗星。它沿一个椭圆形轨道运行，周期只有约6年，所以大家都信心满满地等着它的回归。但是6年过去了，它却没有出现。

原来，它公转的时候必须从木星附近经过，而木星的有力吸引使它改变了轨道，所以再也回不到望远镜能看见的范围了。也就是说，这颗彗星在1767年被木星拉了过来，让它绕着太阳转了两个圈，又在1779年它来到旁边的时候推了它一下，将它推出了我们可观测的范围。

彗星是可以解散和衰亡的。

比拉彗星（Biela's comet）便是完全解散的一颗。这颗彗星在1772年第一次被观测到，1805年又出现了，1826年第三次发现了它，所以公转周期定为6.67年。因此，天文学家估算它必定在1832年和1839年再次出现，但这两年都未观

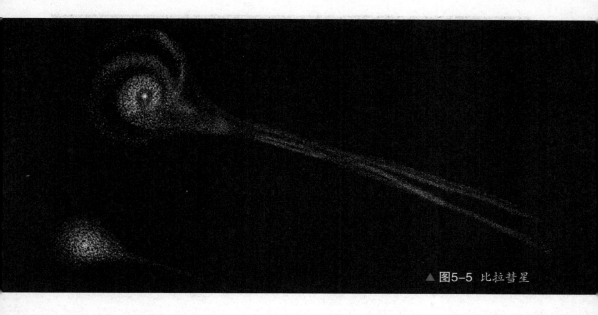

▲ 图5-5 比拉彗星

测到它。直到1845年，它又重新出现，天文学家在11月、12月中观测到了它。但是到1846年1月，它靠近地球和太阳时，才发现它已分成了两半。最后一次观测到它是在1852年9月，从此再也没有观测到它。

恩克彗星

恩克彗星（Encke's comet）是周期彗星中被观测得最频繁且最有规律的一颗。它的周期约为3年110天，由于行星（尤其是木星）的吸引而略有变化，但差不多每次回归都有地方能观测到它。

这颗彗星的显著特点是它的轨道在若干年内不断地减小，后来它到太阳的平均距离减少了40多万千米。从恩克彗星不大的远日距推测，它可能已经存在好几千年了。

▲ 图5-6 恩克彗星

1984年4月，环绕金星运行的空间探测器发现，当时位于地球和金星之前的恩克彗星正在散发大量的水蒸气，失水的速率比原来估计的要快3倍。部分人认为，恩克彗星在不久的将来就要"寿终正寝"了。但是大部分人却认为虽然恩克彗星的视亮度在不断变暗，但它的真亮度近100年也没有明显变化。而且，它最近几次回归抛出的物质也没有减少，完全没有要消失的预兆。每年11月20日至23日的金牛座流星雨正是恩克彗星所赐。

木星捕捉彗星

1994年6月，苏梅克—列维9号彗星不但被木星捉住，而且还与之发生了亲密的接触，堪称近年来最大的天文事件之一。

▲ **图5-7** 苏梅克—列维9号彗星与木星碰撞

1993年，这颗彗星被尤金（Eugene）、卡罗琳·苏梅克（Carolyn Shoemaker）、戴维·利维（David Levy）发现。在它被发现后不久，人们就测定它运行的轨道靠近木星，几乎呈椭圆形，并且处于即将发生碰撞的路线之中。

而早在1992年，苏梅克—列维9号彗星就曾与木星擦肩而过，分裂成至少21片碎片。1994年6月16日至22日期间，彗星碎片朝木星大气层的外部冲击而来。这是有史以来人们第一次有机会看见地球外的两个天体的碰撞。而这次碰撞被多架大型望远镜、几千架小型望远镜及几艘宇宙飞行器（包括哈勃太空望远镜和"伽利略号"）观察到。在几小时后，图片被上传至网络，造成了严重的网络堵塞。

彗星的来历

很多人假设彗星是从恒星间广漠的空间来到太阳系的，但这种假设并没有被大多数天文学家所认同。

▲ **图5-8 奥特星云**

荷兰天文学家奥特在1950年提出了一个著名的假设：在太阳周围存在着一个巨大的星云团——奥特星云（Oort Cloud），它是一个彗星库，里面存有上亿个很小的固体状彗星核。在过往恒星的引力作用下，奥特星云就向太阳系内部喷射彗星。但是根据目前已有的资料来看，没有任何彗星的轨道是明显来自太阳系之外的。不过，虽然奥特的假设得到很多天文学家的认可，但这种假设是否完全正确，目前还不得而知。

明亮的彗星

人们都对明亮的彗星感兴趣。在19世纪，只出现过五六颗所谓的明亮的大彗星，其中最值得注意的是1858年被发现的多纳蒂彗星（Donati），它以意大利发现者的名字命名，它的发现过程足以表示此类物体的变化。

当人们在6月2日第一次见到它时，它还只是望远镜中能看得见的很暗的星云，就像天上的一小片白云。那时既看不见它的尾部，也完全不知道它要变成什么样子。到9月上旬，肉眼就能够看见它了。此后它的亮度便以惊人的速度增长，每晚都比前一晚更大更亮。在一个月以内，它几乎没移动太大的距离，每晚只是在西天游荡。大约到了10月10日，它的亮度达到了极限。10月10日以后，它就很快消逝而去。不久便向南移动，逃出了我们的地平线。

在这颗彗星消失在人类的视野之前，就有人开始计算其轨道了。不久就发现它的运行轨道并不是标准的抛物线，而是一个延长的椭圆形。运行周期为1900年左右，也许有100年左右的误差。因此，它在上一次回归时应该能被看见，但公元前1世纪中并无记载可以核实。下一次再见到它要等到38世纪或39世纪了。

彗星的本质

对这些彗星进行分光后的光谱，很明显能表示出它们并不仅仅反射太阳的光。其中主要的特色是3道明亮的谱线，这与碳氢化合物的光谱十分相似。这正是一种发光气体，并且也贡献了彗星组织内的光谱。

至少在一大半情形中，并不是太阳的热量使这种气体发光的，而是太阳风的作用，正和使我们上层大气中有极光是一样的。

看来，构成明亮彗星的物质无疑是具有挥发性的。当用望远镜细心观测一颗明亮的彗星时，有时可以见到蒸汽缓缓从彗星的头部向太阳上升，之后再展开，离开太阳，构成尾部。它的尾部并不是它拖着的附属品，像兽类拖带的尾巴一样，而是类似烟囱里冒出的烟流，它由烟雾大小的灰尘微粒组成，逃逸的气体从彗核中被驱赶出来。

常常一颗彗星开始出现时没有尾部，接近太阳时尾部才渐渐形成。它离太阳越近，接收的热量越大，尾部发展得越快。构成尾部的材料快速地向外运动，显然是受到了太阳辐射的有力推动。因此，彗星的尾部总是朝向太阳反方向的。

流星

无论你对天文学了解多少，一定都知道流星的存在。很多诗人都曾赞叹过它惊人而短暂的美丽。

▲ 图5-9 划过天际的流星

如果你在晴朗的夜间守望星空，那么在一个小时之内，一定可以看到三四颗以上的流星。不过，有时候它们也会异常繁多，例如8月10日至15日之间，流星就比平常多且亮。曾经有几次，它们的数量多到使人们感到惊讶和恐惧。

流星与陨石

19世纪以后，流星的来历才完全弄清楚。太阳系中除了已知物体——行星、卫星、彗星以外，还有一些小得连望远镜都看不见的小天体在空间中环绕太阳运转，其中有一些比小石头和沙粒大不了多少。

▲ 图5-10 天空陨石

▲ 图5-11 威拉姆特陨石

地球在环绕太阳运行的过程上会和它们相遇，相对速度可能会达到每秒数十千米，也可能是20千米、30千米、40千米甚至高达100千米以上。以这样的高速撞上稠密的大气层，会产生巨大的摩擦力，它便立刻被加热到极致，无论它的物体怎样坚固，都会化作一道明亮的光辉散去。

我们看到的流星便是这个小天体在高层稀薄的大气中燃烧的过程。如果你恰好在流星的路径下面看到它，几分钟后还会听到一声鸣炮般的炸裂声，那是被其迅速飞驰所压缩的空气震动引起的。

有时候，流星还未化尽就已达到地面了，于是就有了我们所说的陨石。

流星雨

小知识：没影点

"没影点"是焦点透视法中，纵深方向平行的直线在无穷远处最终汇聚消失的一点，也称为消失点或焦点。

约在11月中旬，"狮子座流星群"便会从天而至。它们的视运动路线就像由狮子星座分散开一样。我们已知这样大规模的流星雨每隔一个世纪的1/3时期发生一次，1300年来一直遵守这一规律。

如果我们把每一次流星雨的路线在天球上画出来，再把这些线往回延长，就会发现它们在天上某一点相遇了。11月份的流星雨，这一点在狮子星座中；8月份的流星雨，这一点在英仙座中。这一点就叫作这一流星群的"辐射点"。流星运动的路线好像从辐射点向四面射出的，辐射点便是透视画中所谓的没影点。

▲ 图5-12 流星雨

彗星与流星

　　既然知道11月流星雨的周期是33年，又测定到它的辐射点的准确位置，就可以计算这些流星的轨道了。

在1866年流星雨出现的前一年的12月份恰巧出现了一颗彗星，在1866年1月时经过近日点，研究证明它的周期约为33年。这个时间是由奥伯尔兹（Oppolzer）计算得出的。

细心的斯克亚巴列里发现奥伯尔兹的彗星轨道与勒威耶的11月流星轨道之间有许多相似之处。事实是，产生11月流星的物体在轨道中追随着那颗彗星。因此得出结论：这些物体最先是彗星的一部分，后来才渐渐分散开来。就像上一节讲过的彗星解散，其中未化尽的部分成为微小的物体绕太阳运行，渐渐又相互离散了。

同样的情形在8月的流星中也出现过。它们的运行轨道和1862年观测的彗星的轨道相似，这颗彗星的周期是123年。

虽然我们会误以为无数颗彗星环绕太阳需要经过很长的时间，会把其中微小的碎片留在后面，从而产生流星雨，但是认为所有的流星都是彗星的残片是不全面的。

第 6 章

恒星

星座

我们对人类生活的空间已经有了部分了解，现在让我们把目光再次转向广袤无垠的星空，感受辉耀满天的群星。

▲ 图6-1 夜空中的亮星

平时肉眼能看见的全天恒星数在5000~6000个之间，其中只有一半可以同时在地平线上，由于这一半中有许多太接近地平线，因而被城市光辉以及那一方向更加浓厚的大气所遮蔽。在晴朗无月的乡间夜晚，用肉眼可以立刻看出的星星数是1500~2000个。肉眼可见的星称为"亮星"，以区别于使用望远镜所能看见的极大的一大批恒星。

当见到群星在夜空中闪烁时，我们很容易忘记它们并非距离地球同样远，因为它们看起来似乎都有相等的距离。

但我们在第一章中讲过，假如把它们安置在一个大圆球的表面，这个大圆球便将地球完全包围。球在它偏斜的轴上旋转的结果是星辰的东升西落。对于北纬中部的观测者而言，环绕北极圈中的星辰永不沉没，被称为恒星圈。而环绕南极圈中的星辰永不上升。这个大天球每一个恒星日向西旋转一周，不到4分钟旋转1度。四季轮流出现，所有的星辰都交替从夜空中经过。

星辰并非均匀地分布在天空中，而是一团一团地聚在一起。其中有一些，例如北斗或飞马座的大正方形非常醒目，使人印象深刻。

古人和我们一样，对星群十分喜爱，他们还给星群起了名字，于是就有了星座。我们的星座是由美索不达米亚居民、古希腊人传下来的，期间有过补充和修改。星座的名称都是神话中英雄和鸟兽的名字，也与一些熟知的故事相关。

现在公认的星座有88座，其中有18座环绕南极，在北纬中部看不到。而这些原有星座的补充是用来填补古代星座之间的空白。还有一些在南极附近的星座，是希腊人看不见的。

为了研究的方便，星座成为天上的包括不同星群的区域，由我们任意定下的疆界，正如同地上的国界一样，由国际间共同协定。

星座的疆界都要与天球赤道平行或垂直，所有在这一星座疆界内的星星都属于这一星座。

▲ 图6-2a 弗雷德里克·德·威特在1670年绘制的星座图

▲ 图6-2b

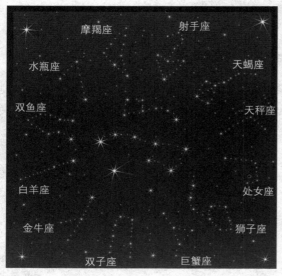
▲ 图6-3 十二星座

因为月亮和行星以及太阳大都不会距离黄道太远，它们便常常和依循黄道的黄道带上的十二星座连在一起。这十二星座的名称分别是：白羊、金牛、双子、巨蟹、狮子、处女、天秤、天蝎、射手、摩羯、水瓶及双鱼。

黄道带是环绕天球的一道宽的带子，黄道正在其中。平均分为的十二个区域便是黄道十二宫，从春分点向东数起，十二宫的名字便是那十二星座的名字。2000年前，每一宫都正好包括所属星座。但因为有岁差的缘故，黄道十二宫已向西移动，所以现在十二宫已不与同名的十二星座完全相符合了。

为了方便我们认识各个星座，我们把天上可见的区域分成5区。

首先是北天星座，它环绕天极永不没落，因此在北纬中部终年可见。其余4区的星座都有升有落地经过天顶之南。

北天星座

让我们一起来了解一下北天星座，见图6-4。图的中心是天球北极，星辰环绕它按逆时针的方向旋转，周期是23小时56分钟。此星图正合晚上9时的天空，可以转动图，使本月份现于顶上。

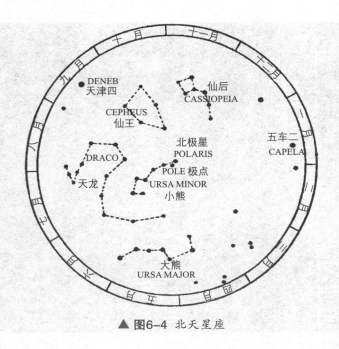

▲ 图6-4 北天星座

首先是大熊座（Ursa Major），其7颗亮星组成我们熟悉的勺子形。这7颗星星终年可见，只有秋季太接近地平线时或许看不到。注意一下勺子顶端的2颗星星，它们就是所谓"指极星"（Pointers），因为这2颗星星形成了直指北极星的直线。北极星（polaris）靠近图的中心，到极的距离在1度以内，因此正好成为北天极的大致标志。

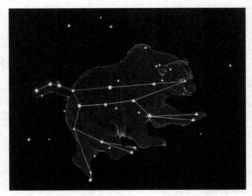

▲ 图6-5 大熊星座

北极星属于小熊座（Ursa Minor），在勺柄的末端，座中除勺边2颗星星外都很微弱。那2颗星星称为极的守卫，因为它们永不停息地绕着极旋转。

북극二

北

北极星
（勾陈一）

勾陈四

勾陈二

勾陈三

勾陈九

▲ 图6-6 小熊星座

如果看不见指极星时却要寻找北极星，可以直向北方望去，它离地平的度数正和观测地点的纬度相等。因此在北纬45°的地方，北极星位于天顶到地平线的正中间。

在北天极的另一边，方向正和大熊座相反，距离北天极也大致和大熊座一样远的是仙后座（Cassiopeia）。有5颗亮星形成一个W或M字母，再加2颗较暗的星，便组成了仙后的宝座。只是该宝座的背非常弯曲，只有垫上一个靠垫才能舒服。

在仙后座西边的是仙王座（Cepheus）。有人觉得它像教堂的尖顶，尖冲着极。

在仙王座之前，差不多位于北天极与大熊座之间的是天龙座（Draco）的V字形头部。这条龙的身躯都是些较暗的星星，可以凭借图找到它们。天龙座围

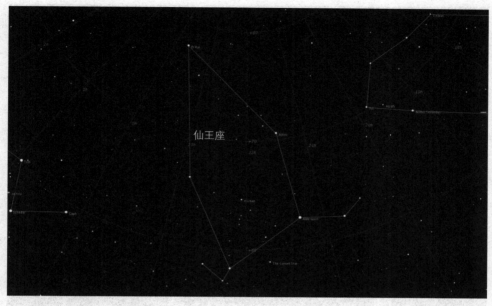

▲ 图6-7 仙王星座

▲ 图6-8 仙后星座

▲ 图6-9 天龙星座

绕着北天黄极,这个黄极约在从北极星到龙头2/3的地方。这一点上没有亮星,
它正是天极因地球自转的岁差而非常迟缓地画着的大圆的中心。

以上便是北天五大星座。认识它们之后,让我们转身向南观测星图。

秋季星座

图6-10表示秋季点缀南天的主要星座。垂直看来,月份下方是本月晚间9时
经过子午圈的星群,从天顶(靠近上边)到南方地平线(靠近下边)。

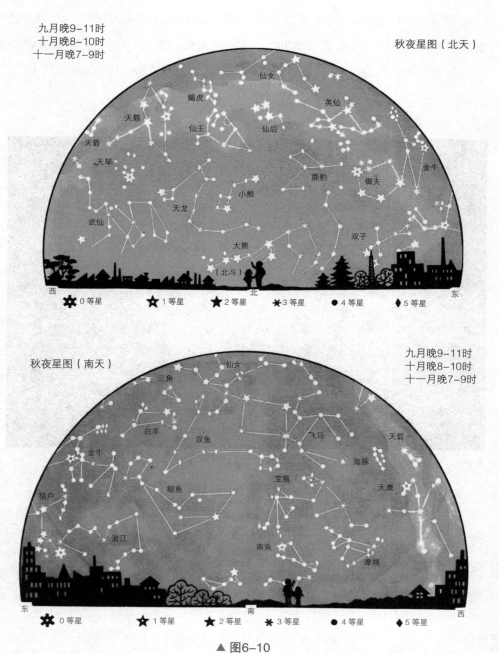

九月晚9-11时
十月晚8-10时
十一月晚7-9时

秋夜星图（北天）

仙女
蝎虎
英仙
天鹅
仙王
仙后
天箭
金牛
天琴
鹿豹
御夫
小熊
武仙
天龙
大熊
双子
（北斗）
西　北　东

✹ 0等星　★ 1等星　★ 2等星　✳ 3等星　● 4等星　◆ 5等星

秋夜星图（南天）

九月晚9-11时
十月晚8-10时
十一月晚7-9时

仙女
三角
白羊
双鱼
飞马
天箭
金牛
海豚
鲸鱼
宝瓶
天鹰
猎户
天鹰
波江
南鱼
摩羯
东　南　西

✹ 0等星　★ 1等星　★ 2等星　✳ 3等星　● 4等星　◆ 5等星

▲ 图6-10

飞马座（Pegasus）的大正方形是秋季天空中最易辨认的符号。秋初，它出现在正东方。11月1日前后晚9时，它在南天最高处。这个大正方形由4颗2等星组成，每边约15°。正方形东北角的东北方是仙女座（Andmmeda）的大星云。

▲ 图6-11 仙女座大星云

英仙座（Perseus）正在银河中，由多颗星星组成箭头状对着仙后座。在这两个星座之间，我们会见到一块云状光斑，不管是用双筒望远镜还是其他望远镜，都可以看到两个星团，这便是所谓的英仙座双星团。箭头西边有3颗星星排成一排，中间一颗最亮，这就是变星大陵五（Algol），是蚀变星的代表。

我们现在所介绍的区域内有黄道三星座：水瓶座、双鱼座、白羊座。

黄道赤道相交处的春分点（太阳于3月21日在此处）差不多在飞马座正方形的东边线延长一倍的地方。2000年前，春分点还在东北方的白羊座。白羊座主要的星星组成一个扁三角形。

双鱼座的南边是大星座鲸鱼座。这个星座以其中红色蒭藁增二（Mira）最为著名。这颗星平常用肉眼看不见，一年中只有一两个月的时间可以看见。

小知识：蚀变星

一些分光变星，并不是真的会产生光度的变化，而是因为其中一颗运行到另一颗的前面，产生了"蚀"的现象，如同月亮挡住太阳光，产生日食一样。这一类的恒星称为蚀变星。

▲ 图6-12 白羊星座

天困一（鲸鱼座α）

鲸鱼座

土司空（鲸鱼座β）

秋季星座中只有一颗1等星，那就是南鱼座（Piscis Austrinus）中的北落师门（Fomalhaut），它大约在10月中旬晚9时经过子午圈。

◀ 图6-13 鲸鱼星座
▼ 图6-14 南鱼星座

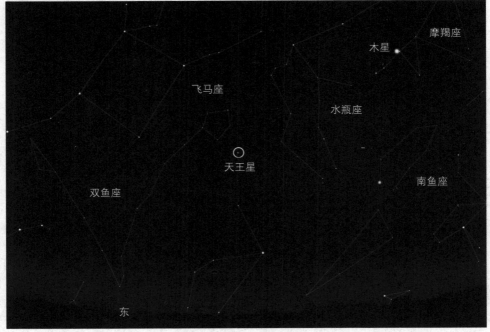

摩羯座

木星

飞马座

水瓶座

天王星

双鱼座

南鱼座

东

冬季星座

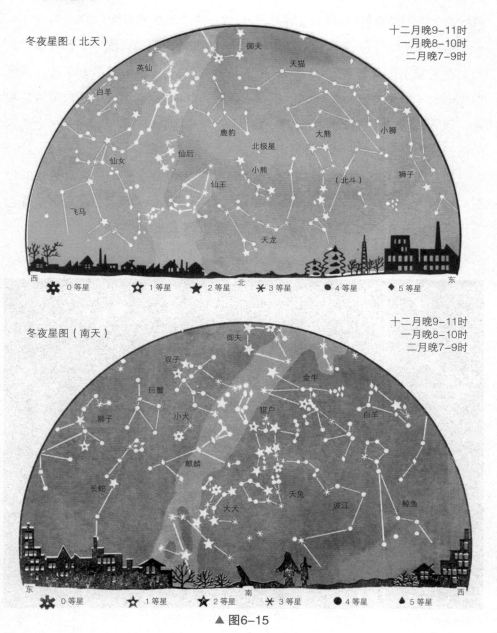

冬夜星图（北天）

十二月晚9-11时
一月晚8-10时
二月晚7-9时

御夫
英仙
天猫
白羊
鹿豹
仙后
北极星
大熊
小狮
仙女
小熊
仙王
（北斗）
狮子
飞马
天龙

西　北　东

�֍ 0等星　☆ 1等星　★ 2等星　✳ 3等星　● 4等星　◆ 5等星

冬夜星图（南天）

十二月晚9-11时
一月晚8-10时
二月晚7-9时

御夫
双子
金牛
巨蟹
猎户
小犬
白羊
狮子
麒麟
长蛇
天兔
波江
鲸鱼
大犬

东　南　西

�֍ 0等星　☆ 1等星　★ 2等星　✳ 3等星　● 4等星　◆ 5等星

▲ 图6-15

241 ◀

图6-16显示冬季星座，这是全天中最光辉耀眼的星座。其中亮星在凄冷的漫漫长夜中闪烁着各种颜色，仿佛要补偿这一季中缺少的日光似的。

猎户座（Orion）是所有星座中最引人注目的。4颗星构成一个长方形，在我们看来它正直立于南方。红色巨星参宿四（Betelgeuse）在上方东角，蓝色的参宿七（Rigel）在下方西角。横在长方形中部的3颗亮星成了这位英雄的腰带，而下面3颗暗星做了他的佩刀。3颗暗星中央的并不是星星，而是一个美丽的星云，猎户座大星云是望远镜中的奇观。

猎户的腰带把观测者的目光吸引到了南方天狼上去。这是全天最亮的恒星，它属于大犬座（Canis Major）。在猎户座东方，与天狼及参宿四形成等边三角形的是一颗1等星南河三（Procyon），它在小犬座中。

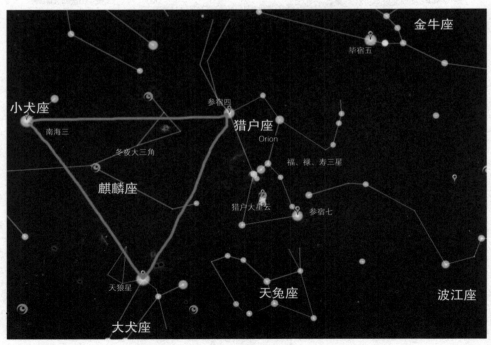

▲ **图6-16** 猎户星座与大犬星座

顺着猎户腰带往上看，我们便看见了V形的毕宿星团（Hyades），再过去便到了"七姐妹"昴星团。毕宿星团在金牛座的头部，红色亮星毕宿五（Aldebaran）是牛眼，而东边另外2颗亮星是牛角尖。这2颗星星上面是御夫座（Auriga），其中黄色大星五车二（Capella）是北半天球3颗最亮的星星之一。

金牛座、双子座、巨蟹座是本区中的黄道三星座（参见图6-15）。

本区中黄道是最北的一部分。双子座形状也是长方形，东边一端有2颗亮星——北河二（Castor）和北河三（Pollux）。1930年发现的冥王星也在本座中。名称代表北回归线的巨蟹座不太明亮，其中最有趣的部分是肉眼看来像云斑的鬼宿星团（Praesepe）。

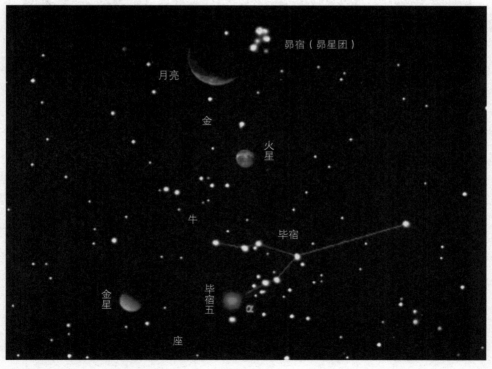

▲ 图6-17 毕宿星座与昴星团

春季星座

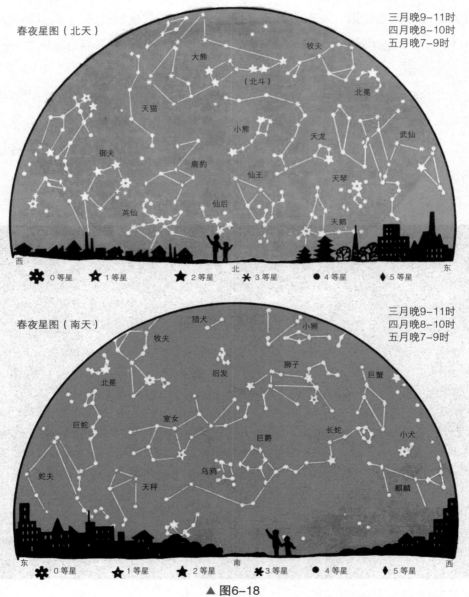

春夜星图（北天）

三月晚9-11时
四月晚8-10时
五月晚7-9时

牧夫 大熊 （北斗） 北冕 天猫 小熊 武仙 天龙 御夫 鹿豹 仙王 天琴 英仙 仙后 天鹅 天鹅

西　　　　　　　　北　　　　　　　　东

✻ 0等星　★ 1等星　★ 2等星　✳ 3等星　● 4等星　◆ 5等星

春夜星图（南天）

三月晚9-11时
四月晚8-10时
五月晚7-9时

猎犬 小狮 牧夫 后发 狮子 巨蟹 北冕 巨蛇 室女 长蛇 小犬 巨爵 蛇夫 乌鸦 麒麟 天秤

东　　　　　　　　南　　　　　　　　西

✻ 0等星　★ 1等星　★ 2等星　✳ 3等星　● 4等星　◆ 5等星

▲ 图6-18

当冬季明亮的星群消失在地平线下的时候，就会有一群春季星群来代替。

狮子座是最显赫的代表，它在傍晚的东天出现，是很多民族用来判断春天来到的标志。4月中旬某晚9时前后，它高高地悬在南面天空。

想认识狮子座可以注意它的7颗星所组成的镰刀形，其中最明亮的一颗是镰刀把末端1等星轩辕十四（Regulus）。镰刀东边是一个直角三角形，三角形最东边的一颗是五帝座一（Denebola）。有的人就由这个星座中的星星想象出一只狮子的轮廓的。

▲ 图6-19 轩辕十四和狮子星座

从五帝座一引一条直线到大熊座勺子柄末端，中间经过两个不显著的星座——后发座（Coma Berenices）和猎犬座（Canes Venatici）。前一个星座中有一个星团，其中有的星星可以被肉眼看见。

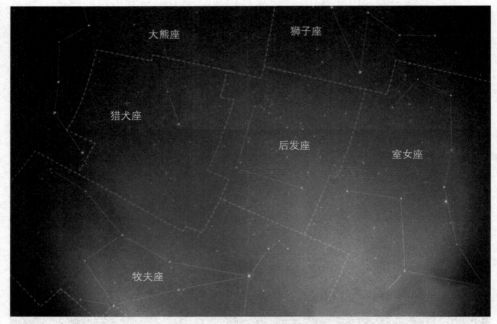

▲ **图6-20** 后发座和猎犬座

最长的星座长蛇座（Hydra）横在春季的南天，像一条由星星排成的不规则的线，几乎从巨蟹座南边一点儿到天蝎座。在它的中部附近有两个很有趣的星座，一是巨爵座（Crater），像一只杯子；一是乌鸦座（Corvus），现在是由相当明亮的星星组成的四边形。

在本季的北天中，大熊座高于北极而且勺形倒转。沿勺柄的曲线向南延长，不久便会遇到一颗很明亮的橙色的星星，再沿曲线延长下去，又会遇到另一颗蓝色的亮星。前者是牧夫座（Bootes）中的大角星（Arcturus），后者是室女座中的角宿一（Spica）。牧夫座像个风筝，大角星在风筝的尾巴处。

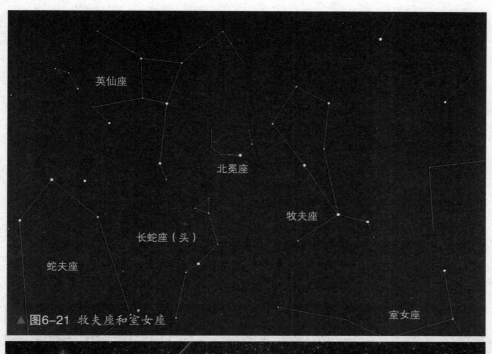

英仙座

北冕座

牧夫座

长蛇座（头）

蛇夫座

室女座

▲ 图6-21 牧夫座和室女座

室女座

巨爵座

乌鸦座

长蛇座

▲ 图6-22 长蛇座和乌鸦座

室女座是黄道星座中较大的一座，但属于它的星星并没有组成容易被我们记下的形状。角宿一、五帝座一、大角星形成一个等边三角形。从角宿一引到轩辕十四的线差不多表示本区天空上的黄道一段。

夏季星座

最有趣且变幻莫测的天界景物出现在夏季。牧夫座东面紧挨着的是北冕座（Corona），这是由一群星星组成的半圆形，缺口对着北方，可以立刻辨认出它。

再向东去，你会看见一只展开翅膀的蝴蝶，那就是武仙座（Hercules）。此处恰好为肉眼可见的球状星团，在望远镜中是最壮观的景物之一。武仙座东

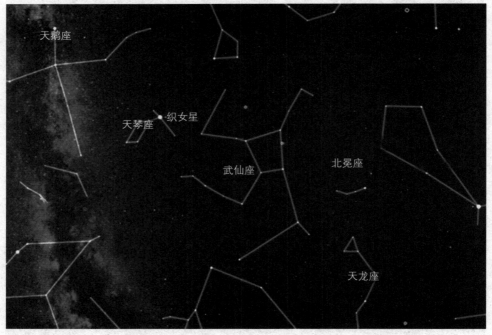

▲ 图6-23 武仙座和天琴座

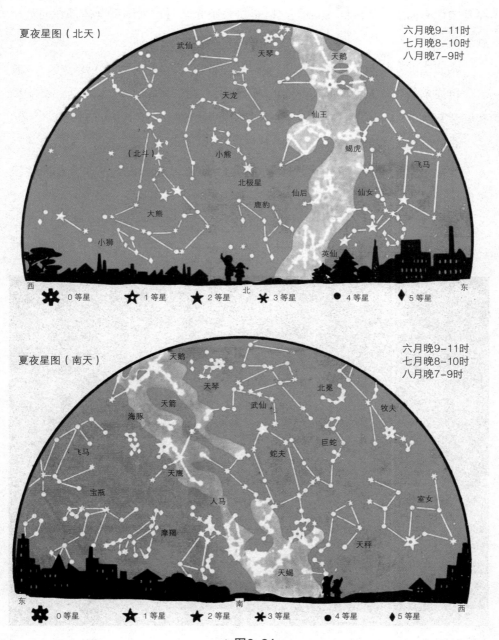

夏夜星图（北天）

六月晚9-11时
七月晚8-10时
八月晚7-9时

武仙　天琴　天鹅

天龙

仙王

（北斗）　小熊　蝎虎

北极星　飞马

鹿豹　仙后　仙女

大熊

小狮　英仙

西　　　　　北　　　　　东

✴ 0等星　★ 1等星　★ 2等星　✳ 3等星　● 4等星　◆ 5等星

夏夜星图（南天）

六月晚9-11时
七月晚8-10时
八月晚7-9时

天鹅

天琴　北冕

海豚　天箭　武仙　牧夫

飞马　　蛇夫　巨蛇

天鹰

宝瓶　人马　　室女

摩羯　　　　天秤

天蝎

东　　　　　南　　　　　西

✴ 0等星　★ 1等星　★ 2等星　✳ 3等星　● 4等星　◆ 5等星

▲ 图6-24

部是"太阳向点"（Solar apex），以全星系眼光来看，太阳系全体都在向这一点运动。

武仙座的东边是天琴座（Lyra），其中有蓝色亮星织女一（Vega）。

再往东是北方大十字形，中轴正顺着银河。这是天鹅座（Cygnus），其中最亮星是天津四（Deneb），正在十字形之顶。此处银河分为平行的两个支流。

我们顺流南下去看看。

我们经过两个小星座的旁边，一个是天箭座（Sagitta），一个是海豚座（Delphinus）。

再过去是较大一些的天鹰座（Aquila），其中最明亮的星星河鼓二（Altair，也叫牛郎星）和两颗较暗的星星排成一条直线。直到现在，银河的西

▲ 图6-25 天鹰座

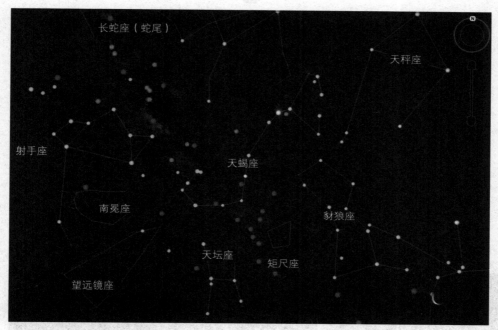

▲ 图6-26 天蝎座和射手座

支流都是较亮的，在此处却暗淡消隐，到南方时再重新显现。同时，东支流变得亮起来了，在射手座中汇成许多大的星云。这一黄道星座的特色是其中的6颗星星组成的倒转的勺子。

射手座的西边又是一个黄道星座——天蝎座，在夏季显得无比动人。它约在7月晚9时经过子午圈，其中最明亮的星心宿二（Antares）闪耀着真正的红色，这是已知的最大恒星，直径约有太阳的400倍以上。在南部低空的天蝎座与此时接近天顶的北冕座之间的一大块空白由两个星座——长蛇座（Serpens）和蛇夫座（Ophiuehus）填补。

认识了这么多著名的星座，你一定禁不住感叹，夜晚的天空不再是星辰无意义的堆积了。当我们仰望天空时，也有了许多有趣的意义。

第二节

恒星的本性

▲ 图6-27 在大麦哲伦云的一个恒星形成区

期的天文学研究几乎都只是围绕地球周围的天体，即太阳、月亮和明亮的行星展开的。这些天体的特殊光亮以及它们在天球背景上的运行都使它们赢得了特别的关注。远处的恒星似乎是固定不变且不可思议的，但它们却可以做界标，所以自古以来就有星图。

在哥白尼把太阳安放在它理应有的行星系统的中心统治地位以后，大家才慢慢明白，我们的太阳也只是一颗恒星。于是，恒星也慢慢被看作是遥远的太阳，且同样发光发热，周围也许还有行星和卫星绕着它。

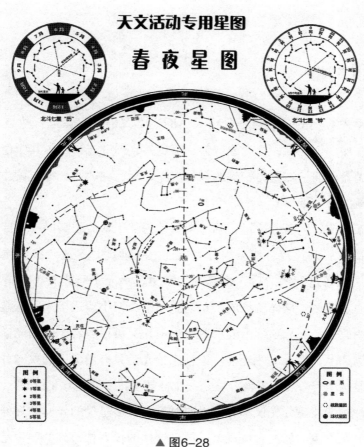

▲ 图6-28

我们研究太阳所得的一切特征大概都与恒星相符。它们都是极热气体结成的极大球体，有光球、色球、日珥、日冕之类。它们不停地向空中倾注极多的能量。但是即使用肉眼也可以看出恒星并不都是太阳的准确复制品，此外还有蓝色星、红色星以及像太阳的黄色星。

除了这些显著的特征之外，望远镜并未增加我们对恒星本性的认识，即使是口径最大的望远镜也不能把一颗恒星展开成一个表面让我们观察。在几种特殊仪器发明并应用以后，恒星自身的现象才被我们观测到。最先被应用且现在仍是研究恒星最有效的设备是分光仪。

星光的分析

天文学中应用的分光仪是分析天体的光学仪器。它借助一枚或若干枚棱镜，或另外加一个光栅，把光分散为一道色带，即"光谱"，其颜色和彩虹一样。从可见光谱的一端到另一端的颜色次序是紫、靛、蓝、绿、黄、橙、红，其间还有渐次的等级。

用两架小望远镜对着棱镜，第一架望远镜从平常放眼睛的一端接受光线，此处的目镜以一条狭缝替代。当分光仪连上望远镜时，这条狭缝便在其目镜的焦点上。光通过狭缝之后，由第一架小望远镜（平行光管）的透镜造成平行，由此通过棱镜，这样就形成了光谱。用第二架小望远镜来看（常常用来摄影）。利用放在一部分狭缝上的反射望远镜，又可以随着天体的光谱拍摄一已知物质（例如氢、铁等）的光谱。这种比较光谱只有用上述的狭缝分光仪才可能看见，但这却有一点不方便，就是一次只能显出一颗星星的光谱。

另一种物端棱镜分光仪却有可以同时显出许多星星的光谱的好处。这是由一架望远镜在物镜前加上大棱镜组成的，这样的仪器拍摄到的照片是望远镜所

▲ 图6-29 光谱

指的天区中星星的光谱，每一段短光谱表示一颗星星。

天体的光谱分析实际上是由夫琅和费开始的。1814年，夫琅和费用自制分光仪观测日光，第一次见到许多细暗线经过光谱。他把光谱中从红色到紫色之间的明显暗线用字母做符号，这个系统至今还保留着。

1823年，又是夫琅和费第一个考察了恒星的光谱。他也在其中发现了种种暗线花样，这些花样随着星星的红色程度增加而愈加复杂。

物理学家基尔霍夫（Kirchhoff）用他的著名定律给我们解释了这些暗线的意义：

一种发光气体的光谱平常是黑暗背景下各种颜色的谱线的花样，花样也因构成这气体的化学元素的不同而各有特色。正像一座无线电台用各种不同的波长播音都可以检验出来一样，发光气体中每一种化学元素也可以由它发射的特定的光的波长辨认出来。

一种发光的固体、液体甚至气体，在某种特殊情形下发出连续光谱，就是说它发出各色的光——白光。如果有较冷的气体夹在我们与这光源中间，它便会从白光中吸收恰好与它所发出的相等的波长。这样联合的光谱就是在原先的各色连续带上的暗线花样，这暗线花样便告诉我们加入干涉气体的化学成分。恒星的暗线光谱的意义便是有些选定的波长已被恒星大气从恒星光球所发出的白光中筛去了。

恒星的温度

一块金属物的温度在热得发蓝时比热得发红时要高，我们依此判断蓝色星的大气温度比红色星的高。这种判断也在研究中得到了证实。

▲图6-30 蓝色恒星

蓝色星的表面温度约10000℃到20000℃，或者更高。黄色星的表面温度在6000℃左右，而最红的星的表面温度却只有约2000℃。但即使是温度最低的一颗星也是极热的。

　　光球之下的恒星温度随深度增加而不断升高，中心也许到了千百万度。我们对恒星发光的缘由有比较一致的看法：即认为其巨大的光能来自中心的热核反应，氢聚变为氦，然后聚变为碳、氮、氧……直到铁才渐渐停止。

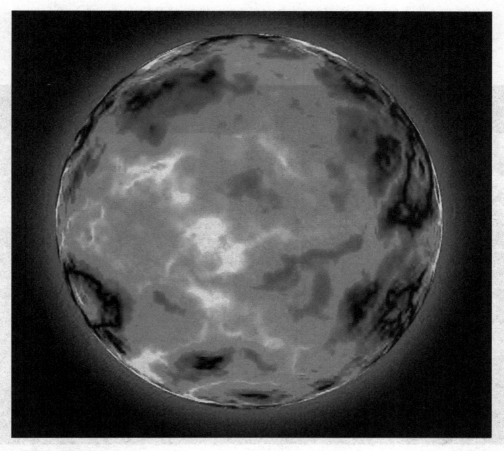

▲ 图6-31 红色恒星

巨星与白矮星

恒星的发光本领或者实际亮度相差极大。

我们在一张方格纸上用一个点代表在某一地方一颗已知其发光本领的恒星。图6-32便是这一类"光谱光度简图"。其中水平线代表不同的谱型,自左而右,从蓝色星到红色星;垂直线代表不同的实际亮度,以太阳亮度为单位,自下而上逐渐升高。代表大部分恒星(包括太阳)的点都傍着自左上方到右下方的斜线,这便是"主星序"。顺这斜线向右,星渐冷,也渐红渐暗渐小。

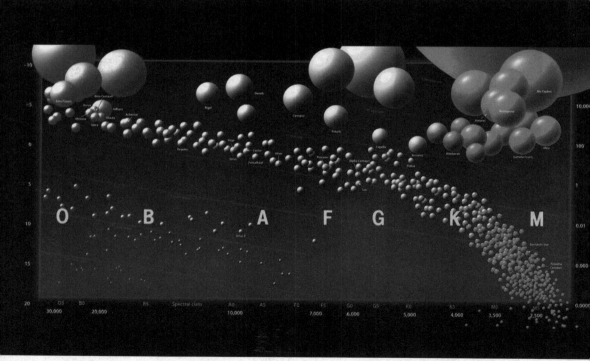

▲ 图6-32 恒星光谱光度简图

小知识：白矮星·中子星

白矮星是一种低光度、高密度、高温度的恒星。因为它的颜色呈白色、体积比较小，因此被命名为白矮星。白矮星是演化到末期的恒星，主要由碳构成，外部覆盖一层氢气与氦气。白矮星在亿万年的时间里逐渐冷却、变暗，它体积小，亮度低，但密度高，质量大。

中子星又叫波霎，是恒星演化到末期，由引力坍缩发生超新星爆炸，可能成为是少数终点之一。一颗典型中子星的质量约是太阳质量的1.35~2.1倍，半径在10~20千米，乒乓球大小的中子星相当于地球上的一座山的重量。

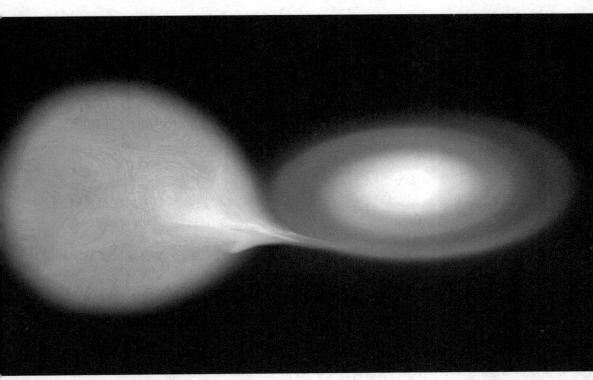

▲ **图6-33** 艺术家想象下，一颗白矮星在巨大的伴星下增生

在主星序之上有两群点代表的星，是发光本领平均大于太阳百倍左右的"巨星"以及比太阳亮数千倍的"超巨星"。它们的颜色相同，表面温度也相同，亮度也相同。

巨星和超巨星比同型的主序星明亮若干倍，因为其表面要多若干平方米，亮度也就大若干倍。

图中还有另一小群点分开在左下角，这就是"白矮星"，其中最著名的是天狼星的暗弱伴星。它们既然比寻常白色星暗千倍，自然也就小千倍。白矮星确实不比主序星中红色的暗，那是因为它们更小，每平方米要比红色星亮罢了。

不过相对中子星来说，白矮星要算体积大的了。中子星是恒星演化晚期产生的，是目前所知的宇宙中最密的物质。

恒星演化

恒星的演化是一个漫长而复杂的过程。我们现在认为，恒星的终态有3类：

其一，大质量恒星的燃料用完后炸掉自己，最终灰飞烟灭，其残片会重新聚集，为新恒星的诞生提供条件。

其二，超新星爆发后留下一个中心天体（中子星或夸克星），发出规则的脉冲，表现为我们熟知的脉冲星。

其三，发生引力的进一步塌缩，形成恒星级别的黑洞。这也是目前科学界的热门话题之一。

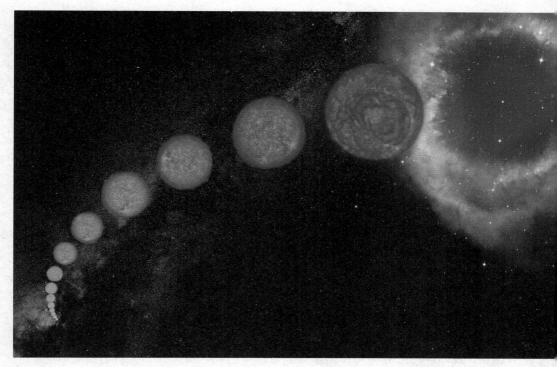

▲ 图6–34 艺术家描述的类太阳恒星的生命周期。从左下角的主序星开始，然后膨胀经过次巨星和巨星的阶段，直到在右上角将外层抛离，形成行星状星云

新星

"新星"是一切星星中最惊人的，而且也是一切天界现象中最惊人的。

所谓"新星"（novae），其实并不是新生出来的星星，而是表面和大多数恒星一样永恒暗弱的星，在我们不知缘故的情况下突然炸裂了。在几小时之后，它们由暗不可见一下子变得明亮无比。在它们短暂的光芒中，有时可以比得上最亮的恒星。之后，它们又较迟缓地沉入黑暗中去。

▲ 图6-35 开普勒星

最美的新星在1572年出现于仙后座中。它常被称为"第谷星"（Tycho's star），因为虽然拥有这个名字的著名天文学家不是这颗新星的第一个发现者，却是第一个观测者。第谷星突然升到和金星相等的亮度以后暗淡下去，约6个月后就消失不见了。

蛇夫座中的"开普勒星"（Kepler's star）比木星还要明亮。这颗星于1604年出现在天空中，整整一年半的时间都可以用肉眼看见（当时还没有用于观测星空的望远镜）。

我们通过研究得知，新星伴随着恒星的死亡而出现，是引力塌缩的后果。当晚期恒星的内核不再提供足够能源时，引力开始发挥巨大威力，通过一系列剧烈的物理化学过程，释放出巨大的能量。总之，新星并不是非常罕见的。

黑洞

"黑洞"这个名词是美国物理学家惠勒在1968年发表的一篇题为《我们的宇宙，已知的和未知的》的文章中首先提出来的。他不愿意用"引力坍缩物体"这样复杂的词，便创造了"黑洞"这个名词。

"黑洞"指的是这样一种天体：它的引力场非常强，就连光也无法逃脱出来。

▲ **图6-36** 大麦哲伦云面前的黑洞（中心）的模拟视图。请注意引力透镜效应，从而产生两个放大，以星云最高处扭曲的视野。银河系星盘出现在顶部，扭曲成一个弧形

　　根据广义相对论，引力场将使时空弯曲。当恒星的体积很大时，它的引力场对时空几乎没什么影响，从恒星表面某一点发出的光可以朝任何方向沿直线射出。而恒星的半径越小，它对周围的时空弯曲作用就越大，向某些角度发出的光就将沿弯曲空间返回恒星表面。当恒星的半径小到某一特定值时，就连垂直表面发出的光都被捕获了。这时，恒星就变成了黑洞。

恒星系统

恒星在宇宙中旅行也会选择自己喜欢的伴侣，有些稍孤僻的恒星会单独沿直线前行，速率不变，也不受其他星星的影响。有些则成双成

大犬座VY

大犬座VY现在已经不是人类已知的最大天体了。目前人类已知的最大的是一个编号为R136A1的恒星，距银河系约16000光年。是大犬座VY的2倍。

R136A1

▲ 图6-37 宇宙中最大的恒星

对，携手前行，这样的亲密伴侣叫"双星"。还有一些是小伙伴一起运行，这样的叫"聚星"。另外，有一些集成大队伍的，这样的叫"星团"。不过，它们虽然有的单身，有的结伴，但都被包括在星辰社会中，那便是"星云"或"星系"。

目视双星

北斗柄的中间一颗星星名叫开阳，是著名的双星。这样的双星之间相距的角度越小，它们有物理联系的概率越大。望远镜中发现的这种双星称为"目视双星"。

大部分的目视双星都相并而行，很少有互相环绕的情形。有许多其他的星却是互相环绕的系统，正如同地球和太阳，只不过两者之间的距离和旋转周期都更大罢了。

大犬座、小犬座中的两颗星——天狼与南河三就是特别值得注意的目视双星的例子。

它们都在离我们最近的恒星之列，距离分别是8.8光年和10.4光年，且都有显著的恒星间的运动。多年前，天文学家就确定了这两颗星并不按照单独星应有的直线运行。它们的运行路线是波状的，这就证明它们都围绕着一颗较暗的伴星一边旋转一边前进。

和海王星一样，也许和冥王星一样，这两颗犬星的暗伴星也在并未观测到时就确定其存在了。第一次用望远镜观测到天狼的伴星是在1862年，南河三的伴星直到1896年才被观测到。

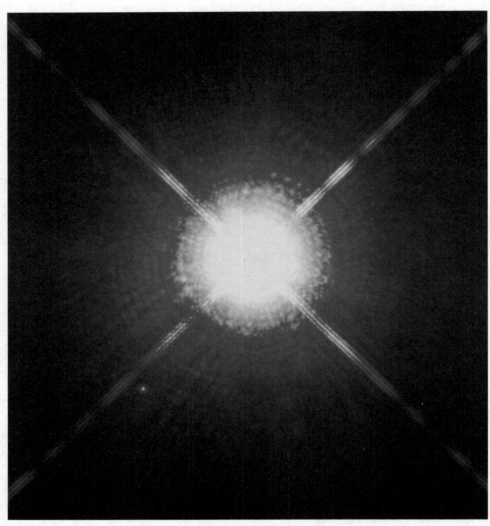

▲ **图6-38** 哈勃太空望远镜拍摄的天狼星双星系统，在左下方可以清楚地看见天狼伴星（天狼B）

分光双星

北斗星中的开阳是第一颗被记录的目视双星，也是第一颗被认出的分光双星。

1889年，首先在哈佛天文台观测到一对目视双星中较亮一颗的光谱。在有的照片中是重复的，有的照片中是单一的。这两颗星却不能用望远镜分辨出来（需用分光仪分开）。它们在20.5日的周期中互绕一周。它们的平均距离约比天王星到太阳的距离远一点儿。

双星的数量非常多，大概每4颗星中就有一颗双星或聚星，甚至因此还有天文学家认为像我们的太阳这样的恒星属于少数。

▲ 图6-39 开阳位于图中北斗七星中从上往下数第二颗

食双星

如果分光双星的轨道相互绕转彼此掩食时，便是"食双星"或"食变星"。这一大群星中，最先发现的英仙座中的"妖星"大陵五（Algol）是最著名的。

这颗星的变光周期十分准确：每隔约2日21小时一次。在两天半的时间

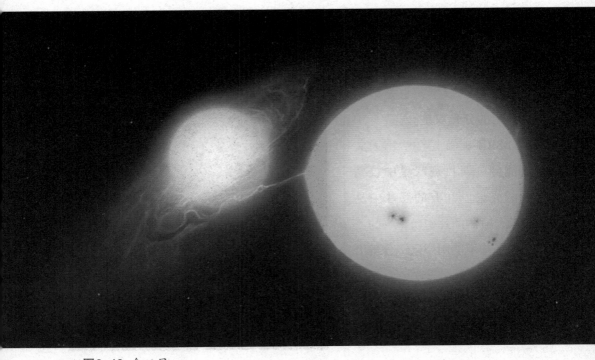

▲ 图6-40 食双星

中，大陵五的亮度并无变化，只有最精密的测量才能发现一点儿变动。以后的
5小时内就渐暗下来，直到暗至平常亮度的1/3。再过5小时，它又恢复常态了。

　　在这显著变光的10小时内，这颗亮星被其暗弱的伴星食去了一部分。我们
知道这是偏食，因为它光的恢复紧接着其衰落。假如是全食的话，光会在全食
时保持其最小的光度。

星团

星团并不是恒星天界路程中偶尔的聚集，它们都是很有秩序地在天空中旅行的星群。

星团有两类：一是"疏散星团"或者叫作"银河星团"，因为它们都集中于银河内；一是"球状星团"。

在几个较近的星团中，昴星团（七姊妹）是肉眼可见的明亮的星，在秋冬的夜空上形成一把短把的勺子。视力好的人一般可以从这个星团中看出9颗或10颗星星，但在望远镜中却可以看出更多。昴星团的南边有一个显著的疏散星团，同样属于金牛座，它就是毕宿星团。

▲ 图6-41 疏散星团NGC 3572及其周围

▲ 图6-42 NGC 346是小麦哲伦星系中的一个疏散星团

　　疏散星团的团员都在空间中有一致的行动。有一些因为离得近，我们可以明显观察出它们的运动，这些称为"移动星团"。毕宿星团便是一个很好的例子。

　　这V形星群（毕宿五不算）及邻近的星都一致趋向东方，它们的轨道并非

▲ **图6-43** 大麦哲伦星系中的一个疏散星团（右下）照亮了蜘蛛星云的附近

恰好平行，反而像许多条向远方聚集的路，这表示它们还在退后。百万年前，它们离我们约65光年。现在的距离已增加1倍了。不到亿年以后，这个星团就要挤缩成望远镜中一个暗淡的物体了。

　　我们现在正处于这样一个移动星团之中，但我们的太阳并非其中的一员。这个星团中的一部分出现于北天，形成北斗，但要除去柄末一颗和指极星的上一颗。

到南天有天狼星，天空的其他部分还有一些散得很远的亮星都属于这个星团。

有些疏散星团在肉眼看来像一块雾斑，也叫"蜂巢"的"鬼星团"就是典型的例子。它在狮子座的镰刀形两边一点儿，属于黄道带中的巨蟹座。就连一架望远镜也可以将这暗淡的光斑分析成粗略的星团。

另一块云状光斑在银河中，属于英仙座，离仙后的宝座不远。小望远镜可以看出那儿有两个星团，就是所谓的英仙座双星团。

我们用望远镜顺着银河找过去的时候，还会遇见其他美丽的疏散星团。在狮子座与牧夫座之间的后发座星团靠近银河的北极。

球状星团

第二类星团包括较大且较壮观的球状星团。这种大的恒星的球离开了银河本身积聚的区域，来到我们系统的边境上，那儿的星星本就很稀少。这一系统中已知的有121个，有10个是在麦哲伦云中被发现。

10世纪的阿拉伯人和15世纪的葡萄牙人远航到赤道以南时，都曾注意到它们，并称之为"好望角云"。1521年，葡萄牙航海家麦哲伦在环球旅行时，对其做了精确的描述，后来就以他的姓氏为它们命名。

武仙座大星团M13是北纬中部使用望远镜能观测到的最美的球状星团，它约在夏末的傍晚从头顶经过。如果把武仙座看成一只蝴蝶，就可以从蝴蝶头部到北方翼端2/3处发现这个星团。在最合适的季

小知识：麦哲伦云

麦哲伦云是银河系的两个伴星系——大麦哲伦云和小麦哲伦云，在北纬20°以南的地区升到地平面以上，它们是南天银河附近用肉眼可以清晰看见的云雾状天体。

▲ 图6-44 位于天蝎座的M80距离太阳28000光年，拥有数十万颗的恒星

节和天气，它仿佛能为肉眼所见。但是用望远镜看，尤其是看望远镜拍摄的照片，才会领略到它的壮观。

这个星团距离我们有3.4万光年，因此只有较亮的恒星才能被看出来，只有比太阳更亮的恒星才能被望远镜看见。目前，可以被看见的星星已经有5万颗，比肉眼同时在全天上能看见的星星数多出20倍。

武仙座星团的团员数一定是在数十万以上的。最密集的部分直径约有30光年，星团中大部分的星都在70光年的区域以内。在和太阳周围同样大的空间之内，数量却要多得多。如果我们住在这个星团的中心部分，那时的星空一定会比现在的星空光亮很多倍。

球状星团分布于20万光年直径的空间之上，这个空间的中心离地球约5万光年，正在射手座的方向。我们假定这些星团构成了银河系的大轮廓，那么我们这个系统的直径就是20万光年，而其中心便在射手座的方向，离我们5万光年以上。

银河中的恒星星云

如果你想在北纬中部观测最美的银河，就要选择夏末或秋天的傍晚。它像一道发光的带子，从东北到西南横过中天。在晴朗无月的夜间，在没有人工光干扰的地方，它就是肉眼所见的最动人的景色之一。

我们从东北方地平线顺银河之流上溯，会依次经过英仙座、仙后座、仙王座，直到北方大十字区（天鹅座），这儿在秋初傍晚已近天顶了。银河由此分为两个支流平行下去，一直分支到南十字座。这种大分支和其他小分支都不是银河真的分裂了，而只是一些黑暗的宇宙尘云把外面的星遮住了。

从天鹅座向南，西支流渐暗，但在到地平线之前又亮了起来。东支流经天鹰座时更亮，过了这个星座以后便聚集成壮观的盾牌座和射手座的星云了。

▲ 图6-45 三角座的发射星云

去，除了银河中的星云以外，天上所有暗淡的光斑都叫作"星云"。我们用肉眼只能看到其中的几个，但是如果用望远镜看的话，却能发现无数个。赫歇耳氏一家的几个天文学家（约翰·赫歇耳、威廉·赫歇耳、卡罗琳·赫歇耳女士）对许多星云做了发现、记录、编排的工作。

有些星云有特殊的名称，例如猎户座大星云、北美洲星云、三叶星云。大部分较明亮的星云的名称都来自于梅西耶（以发现许多彗星而著名）做的103星云表中的编号。如果用一架小望远镜观看，这些物体很容易被误认为是彗星，例如M31（在仙女座中）。不过现在星云都有了新的名称，使用德维尔的新表（New General Catalogue）中的号数了。该星表共有两部，其中包括13000个星团和星云。仙女座大星云是NGC（新表223号）。

早期的天文学家对于星云本性的意见各不相同。19世纪中叶，罗斯爵士的1.8米反射望远镜（当时最大的望远镜）非常有效地把所谓"星云"的云定义为遥远的聚集的星。

然而并非所有的星云都是恒星的团聚。英国的哈金斯（William Huggins，在天文学中应用分光仪的先驱者）验证了赫歇耳提出的有的星云是"发光流体"这一推测的真实性。

1864年，哈金斯把他的分光仪对着天龙座星云观察时，见到了一种明线的花样，这正是一种发光气体的光谱。但还有一些星云虽有近似恒星光谱的暗线花样，却并不能解释为是恒星团的痕迹。

星云中依然有些尚待研究的神秘现象，现在所有银河系中的星团都已经与星云进行了区分。

在我们的银河系以及河外星系中，星云大致分为两大类：明的和暗的弥漫星云、行星状星云。

明亮的弥漫星云

猎户座大星云是最著名的明亮弥漫星云。如果用肉眼看，它是猎户佩刀三星的中间一颗，在腰带较亮的3颗星稍南一点儿。用望远镜观察时，它是一块粗略的、三角形的、发微弱光的物质。表面看来，星云面的距离约为满月的两

▲ 图6-46 哈勃望远镜拍摄的猎户座大星云可见部分

倍，而实际却是10光年———一块极大的云。用大视场透镜并经长时间曝光拍摄的照片中，我们可以看出全猎户座的大部分都被一层更暗的星云所笼罩。

另外，一个有代表性的例子就是射手座中的三叶星云。乍一看，我们也许会以为它分为3片或3片以上，因为它的表面有宽阔的黑暗裂纹。那实际上是许多暗星云，常常和发光物质连在一起。昴星团中的最亮几颗星都裹在云

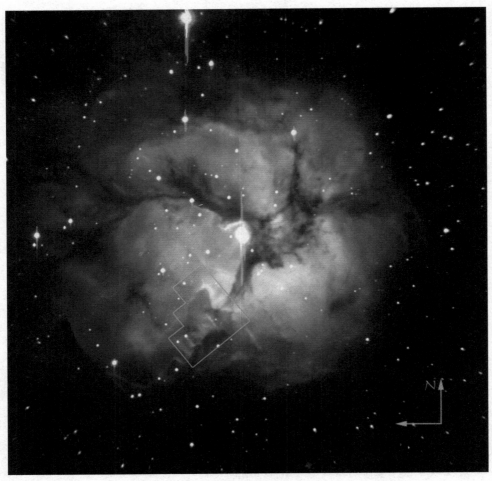

▲ 图6-47 三叶星云。下面的轮廓的区域被放大

中，使星团的照片中增添了许多趣味，但如果我们用肉眼观察，就只能看到一些星了。

有些星云并不能被肉眼所看到，北美洲星云便是如此。海德堡的沃尔夫之所以给它起这个名字，是因为这个星云像极了北美洲。它位于天鹅座中北十字顶上亮星的附近，是照片中很醒目的物体。

同星座中还有一个卵形环状星云在逐渐膨胀。所以，当时引出一种揣测——这是恒星爆炸的结果。如果这种揣测是正确的，如果它的膨胀率不变，那么这颗新星在10万余年前必定发生过强烈的爆炸。这环中最亮的部分称为网状星云和丝状星云，并且都有与其名称相对应的结构。

弥漫星云是极大的气体与微尘的云，它们在许多方面都使我们想到彗星的尾部。其中物质散布非常稀薄，比实验室中所得的最接近真空的密度还小。不过因为其云层异常之厚，才使我们无法看见它们。

星云的光

讲到这里，你一定在思考一个问题：这些稀薄的物质一定不会发光，那么是什么使星云发光的呢？这个问题也困扰了天文学家许多年。

直到哈勃用威尔逊山的大反射镜充分研究星云之后，才给出了答案。星云之所以发光，是因为借助了邻近的恒星。几乎每一种星云都可以靠邻近或其中的星来发光。而且，与之相关的恒星越亮，这云状光所及的范围就越大。但是星云的光也不全是简单的星光的反应，至少不是全部都如此。

天文学家使用分光仪研究发现了星云的光与其相关星之间的有趣关系。所有的星（除了最热的）邻近的星云光都和星光相似，两者都有同样的暗线光谱、同样的暗线花样。昴星团周围的星云便是这样的。

▲ 图6-48 斯皮策空间望远镜拍下的猎户座大星云

但是，猎户座大星云以及其他与最热星相连的星云的光却与此不同。它们的光谱是明线花样，与恒星光谱不同。

许多年来，科学家都为星云光谱中的明线所疑惑。在这些线中，有的确凿无疑是我们熟知的氢氦元素，它们并无神秘可言。

但是，星云光谱中还有一些明线是在实验室里从未见过的。难道星云中存在地球上没有的元素吗？当然不是。星云光谱中那些使人疑惑的明线是由普通的氧氮元素在此处的非常情形中产生的，那种情形却绝对无法在实验中复制。因此，这种奇异的明线问题就解决了。

行星状星云

行星状星云与行星绝无关系。之所以称为行星状星云，仅仅是因为它们在望远镜中呈现椭圆面。

它们是很扁的球形星云物质，比行星大得多，甚至比整个太阳系都要大。扁的缘故是它们的自转。不过，也有呈正圆形的星云，但显然其中的转轴差不多对着地球。它们的自转周期要以千万年计的。

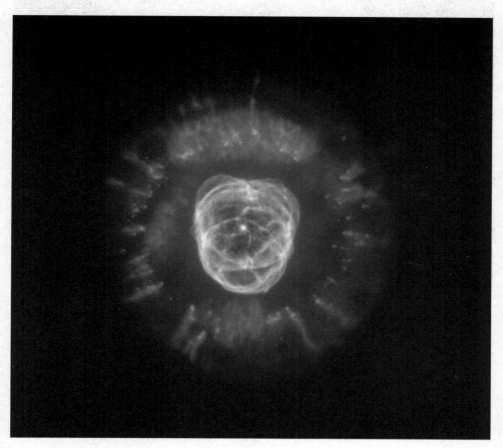

▲ 图6-49 行星状星云NGC 2392（爱斯基摩星云）

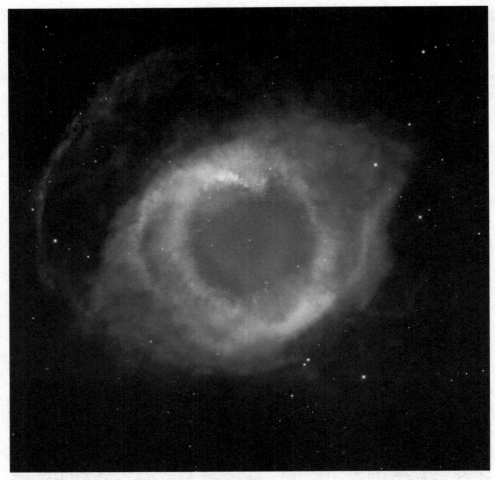

▲ **图6-50** *螺旋星云*

现在已知的行星状星云有1000多个。它们大概都有同样的大小，只是因为远近不同，看起来大小不同罢了。水瓶座中的螺旋星云NGC7293大概是最近的一个，看起来约比满月的1/3大一点儿。用望远镜观看最远的星云都无法把它们与恒星区分开，但用分光仪却很容易把它们认出来。

行星状星云面上的明暗不同使它们各有特征。

　　"枭星云"在大熊座中，是距地球最近的，因而也是望远镜中最大的。它的名字来源于它那两块黑色——想象成枭的眼睛。

　　狐狸座中的"哑铃星云"的椭圆形长轴的两端黑暗，因此看起来像哑铃。

　　行星状星云有一个有点儿像土星及其光环的星云。其他的又有一些同中心的环，有些还有厚环，圆面中部便被遮住变黑了。

　　天琴座中环状星云是用中等望远镜观看最美丽的行星状星云。它的位置在天琴座的南边，在蚀变星 β 及其邻星 γ 之间，是肉眼和小望远镜都看不到的星云。

　　至于行星状星云和其他天体间的关系，目前还没有确切的说法。

暗星云

现在，我们已经知道，星云的光是倚仗邻近的星。在没有这种星的时候，它们便黯然无光。正像我们银河系中的明亮星云一样，这些黑暗尘云也大多集中于银河部分。

银河中最明显的"空白地带"是那一大道黑暗裂纹，差不多从北十字开始到南十字终结，把经过全天银河的1/3隔成两道平行的支流。北十字的北边有一道横过的裂纹，很容易看出来。南十字的附近有一个差不多和这个十字一样

▲ **图6-52** 毫无疑问的，马头星云是最出名的暗星云

大的黑块，其中只见到很少的星。很久之前，这明亮的星云中的大洞便被称为"煤袋"。

直到20世纪30年代，大家都认为银河中的暗处是空隙，以为由此看见了外面的黑洞。但是后来，很多天文学家都表示，这些裂纹只是黑暗尘云而已。

暗星云与亮星云一样，是气体与尘埃的大云，它们或许也会含有较大的固体块。彗星与流星群也有相似的结构。不过有人对此提出意见，认为环绕太阳的这些彗星和流星就是数百万年前太阳系经过一块暗星云时捡来的东西。

第 7 章

星系与宇宙

银河系

我们之前已经提到过星云了，例如射手座的大星云，中心离我们有5万光年以上，还有较小较近的盾牌座星云。这些星云都是"星系"，它们平均直径约1万光年。有的小很多，有的却大出三四倍。

▲ 图7-1 银河系

太阳所属的星系就是银河系。这是一个中等大小的很扁的集团，其中包括我们的星座中肉眼可见的亮星，中等望远镜中可见的数百万星中的大部分，许多疏散星团，以及所有沿银河密集排布的明暗星云。

　　从星系群的其他部分来看，我们的银河系便成为了星云之一。在银河系中，太阳是2000多亿颗恒星中普通的一颗，真正的中心是在300光年外南天星座船底座的方向。

　　这些星云几乎都聚集成一个平面，分布在我们叫作银河系的超级系统中。过去200多年间，天文学家曾试图精确测定这个大系统的形状和大小。这个系统的主要特色就是我们见到的天上投影的银河。

▲ **图7-2** 银河系和河外星系

研究银河系的构造有两种方法：

第一种是在天上各处数相同大小的区域中的星，所得的星数就成了统计研究的数据。第一个应用这种方法的人是威廉·赫歇耳爵士。他数过他的望远镜能看见的全天3000个以上区域的星星。先假定某一方向的星星多，便是某一方向星星的范围广远。于是，赫歇耳得出结论：银河系的形状如磨盘，轴与银河平面成直角，直径按当时能用的比例尺是约6000光年。但是赫歇耳的系统太小，他那48厘米的反射望远镜只能使他看到较近的星。这是人类第一次有计划地研究银河系。

第二种研究银河系构造的方法是测定全系统中各处物体的距离。很明显，如果我们得到了全系统中许多地方的方向与距离，我们就可以制造出一个代表它形状和大小的模型。

大小麦哲伦云虽然离银河很远，却比许多球状星团近。因它们接近南天极，北纬中部的人看不见它们升到地平线以上。大云约有8.6万光年远，直径有1万光年以上。小云略远一点儿，距离有9.5万光年，直径是6000光年。两者都可以被肉眼看成是天上的光斑。用望远镜看，会发现它们都包含恒星、星团、星云，以及其他所有我们熟悉的状貌。它们的运动也使我们想到它们和我们的银河系属于同一星系群。

从前叫作星云的模糊物体，除了已证明为星团的以外，很清晰地分为两大类：

第一类向银河一带聚集，这些都是"银河星云"或者真正的星云。

第二类散布全天，但是银河附近没有。因为在那儿，它们被暗星云和银河平面中其他吸收物质遮掩了。

这些星云统称为河外星云。

河外星系

从1923年开始，才出现与河外星系相关的确切理论。哈佛的夏普利证明了天文学家熟知的NGC星云比银河系的任何部分都要遥远，它离银河系距离有62.5万光年，和麦哲伦云相似。

▲ **图7-3** 风车星系（也称为M101或NGC 5457）是旋涡星系的例子

此后，赫伯尔成功为最近旋涡星云中单颗恒星进行了摄影。他在用威尔逊山2.5米望远镜摄得的这些恒星照片中，发现了造父变星。于是，连它们所属的旋涡星云的距离也一起得以测定。这只需要常常为这些旋涡星云摄影，以便确定造父变星的周期。赫伯尔用这种方法进行测定，在1925年宣布旋涡星云在远在银河系以外的星系中。

　　"仙女座大星云"是旋涡星云中最明亮的，也是其中唯一能被肉眼清晰看见的。在秋冬的夜空中，每一个熟悉飞马座大正方形的人都能很容易找到它。

　　假设这个正方形是一把勺子，勺柄向着东北。在勺柄第二颗星的东北一点儿，这个大旋涡星云在肉眼看来便呈现为天上的长长的微弱光斑。虽然用望远镜看不出它的构造，但照片却清晰地记录了下来。这是一个平扁星云，它向我

▲ 图7-4　仙女座大星云Adam Evans

们约有15度的倾斜，肉眼看见的明亮核周围还有较暗的盘。仙女座旋涡星云的直径是80万光年，是巨人星系。

经过估算，约有200万个河外星系亮得可以用2.5米望远镜看见，其中大部分都是旋涡星云，它们的距离从不到100万光年到1.5万亿光年。旋涡星云的平均直径从5000光年到1万光年。它们对着我们的状况也不相同，有的以面对着，如北斗附近的猎犬座的旋涡星云；有的以边对着。

以边对着我们的旋涡星云像个纺锤。它的特色是有一道暗带顺着纺锤，有时仿佛已经把它分成了两半。旋涡星云的中部暗带使我们想起银河系中的黑暗尘云——那条银河中出现的长的暗裂纹。

用分光仪考察时，这些以边对着我们的旋涡星云都在旋转着，正像我们推测其平扁的原因一样。仙女座旋涡星云核的自转周期约1600万年。

当然，并不是所有的河外星云都是旋涡状的，有一小部分星系是这样的，像麦哲伦云。银河系也像单个恒星一样相聚成群，那便是星系群。已知的有40个星系群，其中包含的星系数目有多有少。在室女座邻近处有一些典型的例子。

最近，哈佛天文台在研究半人马座大星系群，其中就包括了一些可以与仙女座大星云相比的巨人星系。飞马座中的一群星系曾被认为与我们的本星系群相似。

在我们承认河外星系存在的数年以后，我们还是未能清楚地了解它们的情形。实际上，所有恒星引起的问题在星云上都又出现了。就像我们周围的星星都聚集于银河中一样，我们可以推测银河系和本星系群属于一个更大的结构——超级系统。

新一代的望远镜，特别是哈勃太空望远镜帮助我们继续探索这个问题，并得到了一些真实的观测资料。

本星系群是以银河系为中心，半径约为300多万光年的空间内的星系之总成，总质量为6500亿倍太阳质量。有人把本星系群的中心定义为银河系和仙女座大星云M31的公共重心。

目前已知本星系群的成员星系和可能的成员星系有约40个，其中包括两个巨型旋涡星系（银河系和仙女座大星云），一个中型旋涡星系（三角座星云），一个棒旋涡星系（大麦哲伦云）。

本星系群是一个典型的疏散群，没有向中心聚集的趋势。但其中的成员三五成群地合为次群，至少有以银河系和仙女座大星云为中心的两个次群。

近距离星系团的空间分布表明，有一个以室女星系团为中心的更高一级的星系成团现象，包括约50个星系团和星系群，称为本超星系团。本星系群是它的一个成员。

▲ 图7-5 大麦哲伦星系

膨胀的宇宙

相信你早就听过"宇宙大爆炸"这个词了。当人们最初接触这个问题时，难免会产生许多疑惑。宇宙是无限大的，时间又是永恒流逝的。宇宙怎么会是由一点爆炸出来的呢？怎么知道宇宙是由爆炸开始的呢？

当我们了解了河外星系的多个特点以后，就发现这些河外星系正以极大的速率离我们远去。

威尔逊山的天文学家宣布大熊座中一个暗弱星系离我们远去的速率为每秒1.1万千米。当分光仪能观测更远的星系时，星系远去的运动无疑要更加迅速。比利时的勒梅特（Lemaitre）制成了一个表示膨胀的宇宙的数学公式。在这样的构造

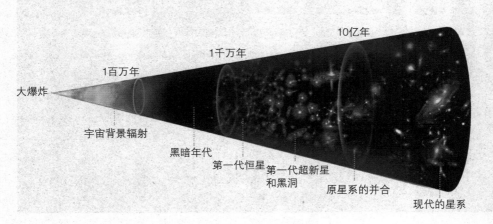

▲ **图7-6** 宇宙大爆炸

当中，远处物体一定会迅速离我们远去，正像我们所观测到的河外星系一样。

关于大爆炸宇宙学，我们可以这样理解：当一个气球膨胀时，站在气球上某一点看，其他地方都在离你远去，而越远的地方离开的速度就越大。在各个位置观测到情况都一样，没有中心。

如果这样说你不太理解，那么再举一个例子：如果你正在制作带有葡萄干的面包，当你的面包发（膨胀）起来时，每粒葡萄干都会看到其他葡萄干离自己远去。越远的葡萄干离开得越快，也就是膨胀的速度越快。在每粒葡萄干的位置看都是一样的，没有中心。

而我们的银河系就是一粒葡萄干。

1948年，俄裔美国人伽莫夫将宇宙膨胀与元素形成结合起来，奠定了大爆炸宇宙学。大爆炸宇宙学认为，大爆炸大约发生在150亿年前。宇宙是有限的，但是宇宙是无界的。

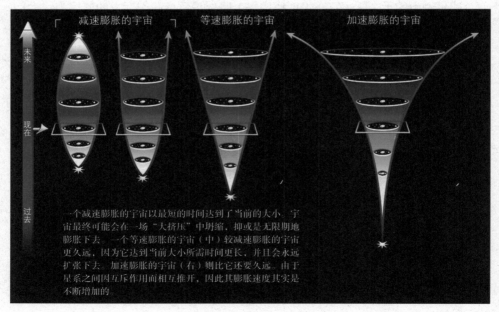

▲ 图7-7 宇宙膨胀理论

图书在版编目(CIP)数据

西蒙·纽康讲天文学 ／（美）纽康著；孙旗钢译. — 武汉：武汉大学出版社，2015.12（2019.8重印）
ISBN 978-7-307-16493-2

Ⅰ.西… Ⅱ.①纽… ②孙… Ⅲ.天文学－普及读物 Ⅳ.P1-49

中国版本图书馆CIP数据核字（2015）第187180号

责任编辑：袁　侠　　　责任校对：叶青梧　　　版式设计：刘珍珍

出版发行：**武汉大学出版社**　　（430072　武昌　珞珈山）
　　　　　（电子邮箱：cbs22@whu.edu.cn 网址：www.wdp.com.cn）
印刷：阳谷毕升印务有限公司
开本：787×1092　1/16　　印张：19　　　字数：350千字
版次：2015年12月第1版　　2019年8月第2次印刷
ISBN 978-7-307-16493-2　　定价：58.00元